研究生系列教材

脑科学和社会认知交叉研究导论

INTRODUCTION TO CROSS-DISCIPLINARY RESEARCH ON COGNITIVE NEUROSCIENCE AND SOCIAL COGNITION

张效初　杨映秋　徐晓飞　张永军　杨　平　刘晓明　编著

U0257036

中国科学技术大学出版社

内 容 简 介

本书针对医学、心理学、教育学、生物学等专业基础教学需求,有机地融心理学基础理论与脑科学前沿研究成果于一体,结合传统心理学和最新的脑成像研究成果,进行相应的脑机制分析,为从生理角度理解正常的社会认知工作提供视角;分析脑机制如何帮助人类理解社会认知障碍,同时提出基于脑机制的物理干预方案,等等。本书为传统社会认知领域研究提供了生理学维度的新方法、新视角,对认知障碍的脑机制分析也将有效地促进干预手段的更新。

本书适合中小学教育、社会管理、精神病学、医学、心理学、教育学、生物学等领域的教师和学生阅读及参考。

图书在版编目(CIP)数据

脑科学和社会认知交叉研究导论/张效初等编著. —合肥:中国科学技术大学出版社,2024.4
ISBN 978-7-312-05681-9

Ⅰ. 脑… Ⅱ. 张… Ⅲ. 脑科学—关系—社会认知—研究 Ⅳ. ①Q983 ②C912.6-0

中国国家版本馆 CIP 数据核字(2023)第 091491 号

脑科学和社会认知交叉研究导论
NAO KEXUE HE SHEHUI RENZHI JIAOCHA YANJIU DAOLUN

出版	中国科学技术大学出版社
	安徽省合肥市金寨路 96 号,230026
	http://press.ustc.edu.cn
	https://zgkxjsdxcbs.tmall.com
印刷	安徽省瑞隆印务有限公司
发行	中国科学技术大学出版社
开本	787 mm×1092 mm 1/16
印张	8.5
插页	1
字数	181 千
版次	2024 年 4 月第 1 版
印次	2024 年 4 月第 1 次印刷
定价	45.00 元

前　言

自 2000 年以来,笔者团队一直致力于通过磁共振成像开展心理任务相关脑结构和脑功能方面的认知神经心理学研究,具体方向涉及工作记忆、决策、社会认知和物质依赖的渴求冲动与调控等,并成功地将"爱情与成瘾"这一脑科学研究课题延伸至社会心理领域。此后,笔者团队在网络游戏成瘾的形成和治疗、网络平台上社会知觉的神经机制、网络表情(emoji)使用的脑区激发等方面展开深入研究,相关课题不仅是当今学界的研究热点,也与人们的日常生活息息相关。

传统社会心理学研究大多使用在非自然实验环境中获取的行为数据进行结果推测。相比而言,脑科学和社会认知交叉研究则实现了结构研究和功能研究的统一。使用脑活动指标来量化心理活动变化,有效地确保了根据研究结果推论内部心理过程的客观性,促进了社会心理学在研究手段上的拓展和范式上的更新。具体来说,研究层次从之前的社会行为层次、信息加工层次深入脑神经层次,进而带动研究方法从原来的社会推论、心理推论拓展到机能推论。机能推论研究是指使用脑成像的研究方法来考察与社会行为有关的心理机制的生理基础,为社会心理与行为寻找对应的脑机制。这既极大地丰富了以往成熟的社会心理理论和模型,同时也给一些过去被公认的较为合理的理论模型带来挑战,让人们对社会行为现象的结构、心理过程和神经机制有了更加深入的认知。

本书内容分为六章:第一章为绪论,系统介绍脑科学和社会认知交叉研究的起源和发展。第二章和第三章讨论人对社会知觉线索、印象形成与管理、基模、归因、态度的形成、偏见与刻板印象的理解,并结合传统心理学和最新的脑成像研究成果,进行相应的脑机制分析,为从生理角度理解正常的社会认知工作提供视角。第四章和第五章论述人类的社会认知障碍、负性生活事件影响、压力反应及其最新的脑成像研究成果,分析脑机制如何帮助人类理解社会认知障碍,同时提出基于脑机制的物理干预方案。第六章为总结与展望,鉴于人工智能和机器学习的发展,未来脑科学和社会认知交叉研究将落脚在大脑介观网络结构、社会认知障碍脑干预、人机接口等方面。

围绕心理现象,本书系统、全面地甄选了论述内容,主要章节均分为核心理论和研究特写两个部分。笔者坚信,每一门学科的发展都是一个渐进的积累过程,如同牛顿所说:"如果说我看得比别人更远些,那是因为我站在巨人的肩膀上。"因此,核心理论部分介绍各章论述对象涉及的基本要素——经典的理论、发现及其发展演化;研究特写部分针对章中的某一特定学术问题展开前沿成果介绍,分析问题背后的生理本质。本书为传统社会认知领域研究提供了生理学维度的新方法、新视角,对认知障碍的脑机制分析也将有效地促进干预手段的更新。本书特点鲜明,聚焦学科交叉,有机地融心理学基础理论与脑科学前沿研究成果于一体。

本书获评安徽省高等学校一流教材,适合中小学教育、社会管理、精神病学、医学、心理学、教育学、生物学等领域的教师和学生阅读及参考。读者可扫描下方二维码,登录"学堂在线"免费观看本书配套的课程视频。通过阅读本书,读者可以了解脑科学、心理学领域跨学科的研究热点和发展趋势,并借鉴社会认知神经科学的研究方法和范式,提高科研能力。

作　者

2023 年 8 月

目　　录

第一章 绪 论

"人，认识你自己。"《新大英百科全书》在解释"心理学"一词时，引用了来自古希腊特尔斐神殿的箴言。人类一直将自身和看不见的精神世界作为探究对象，不懈地求索生命的奥秘。研究人类潜意识的先行者——弗洛伊德，曾用俄狄浦斯的悲剧来隐喻人类求而未果、反受其困的窘境。的确如此，"当决定我们行为和心智的器官——大脑，对我们来说还是一个'黑箱'的时候，对人类行为和心智的任何解释都很难成为一种真知灼见"。

大脑负责产生人所有的感觉、思想、情感、有目的的活动、语言和想象力。在过去的40年里，人类对大脑的认识水平有了显著提高，神经影像等技术的发明与发展为人类追根究底、深层次探索自身的心理现象提供了全新手段。然而，脑科学的发展历程表明，要了解复杂的神经活动，揭示脑的奥秘，任何单一学科研究所能提供的材料都是非常局限的，必须多学科配合开展研究。

在过去的40年里，社会心理学研究的总体发展脉络为从宏观分析向微观分析不断转变，越来越关注社会情境中的人际关系事实或过程，日益强调人际互动的心理过程。由此，社会认知逐渐成为研究主流。作为社会心理学和认知心理学相结合的产物，社会认知关注如何理解自我、他人和社会：一方面从社会心理学的角度探讨人在认知过程中受到的社会学方面的影响，以及导致这些影响的因素如何作用于认知过程；另一方面从认知心理学的角度获得支撑，研究人类如何接受、贮存、提取和输出信息。如果社会心理学家把人际现象视为信息加工、记忆和内隐认知，那么就必须关注大脑的结构和功能。

脑科学和社会认知科学的融合是心理学发展的必然趋势。2005年，在创刊125周年之际，《科学》（Science）公布了125个最具挑战性的科学问题，其中，有关认知科学的问题占9%，且多数聚焦于脑科学与心理学交叉的研究领域。例如，意识的生物学基础是什么？记忆如何存储和恢复？人类的合作行为如何发展？人类为什么会做梦？等等。

脑科学是21世纪各大国竞争博弈的热点和焦点之一。《国家中长期科学和技术发展规划纲要（2006—2020年）》将脑科学与认知科学列为八大科学前沿领域重点研究方向之一，并于2021年9月正式启动了"中国脑计划"（The China Brain Project）。

接下来，让我们首先回顾脑科学和社会认知科学交叉领域已经展开的一系列研究，并关注该领域近期的发展动态,尝试分析相关研究为传统社会心理学理论和研究方法的演进注入了怎样的活力。

一、脑科学和社会认知交叉研究的源起

人是如何认识自我、评价自我的?人是如何"以貌取人"的?为何面对同一件事,不同的人会有不同的想法?为什么同一个人在不同的时间、地点和情境中,对同一件事情的理解也不一样?周围的人对你的固有印象将如何影响你的行为?上述问题都是社会认知心理学所关注的。社会认知心理学是一门新的学科,通过信息加工理论和新颖巧妙的研究方法把心理学研究引领至一个崭新的阶段,已成为当代心理学的主流。

与一般性的认知不同的是,社会认知将认知对象主要设定为人及其行为。在现代社会心理学中,社会认知是指个体在社会环境中对自我、他人或群体的心理特征和行为规律进行感知、判断、评价、推断和解释,以做出进一步反应的过程。因此,社会认知心理学更加关注的是,人如何通过自身固有的经验(如刻板印象)和社会传播途径(如大众传媒)来形成自己的判断与决策。

随着近几十年来脑科学的蓬勃发展,人们逐渐开始关心这些复杂的社会现象背后的脑的作用与影响。脑科学和社会认知科学都是智能科学与技术的重要组成部分。脑科学从分子尺度、细胞水平和行为角度研究自然智能机理,建立脑模型,揭示人脑的工作机制。脑科学是智能科学的源头活水,大脑是人类智能的发动机。众所周知,人的一切思维、行为都受到大脑的控制。在日常生活中,人需要通过大脑来控制自己完成各种具体行为。实事求是地说,人在社会环境中的任何活动都不可能不受大脑的影响。即使是"最社会化"的人类行为模式,也不能在社会文化环境中独立形成,仍要接受大脑这一有形组织的调控。

当然,如果把人类的一切心理行为都归结为突触、神经元活动,那么也是有失公允的。人性从来都不是神经系统在生理学意义上的实在论,也不是解剖学意义上的物质性,而是闪耀着人类精神文明的璀璨结晶。从直觉到行动、从评价到决策、从感性到理性,大脑皮质不只是单纯的物理组织,也有社会化的定式;神经系统不再是单一的中介体系,也具有文化的情结。心理与认知不能还原为突触、神经元,也不是可触的大脑皮层或皮下组织。然而,借助脑科学,人们认识到了心理与认知的具身性,触及了心理与认知的"最深处"。换句话说,虽然人体的脑结构在解剖学意义上是相同的,但是个体时刻受文化、文明和社会环境的影响和改造,从而成为不同语言、历史、文化、经验等交织汇聚,体现特定文化样式传承的生命体。

有形的大脑组织与无形的社会规则之间既不是相互矛盾的,也不是异质的。恰恰

相反,两者随着学科的发展逐渐汇集并融合成一个新的交叉领域,它能够帮助人们理解大脑功能是如何支持社会行为背后的认知过程的。

二、脑科学和社会认知交叉研究的发展

自 20 世纪 50 年代 David Rioch 成立第一个脑科学实验室以来,针对脑的研究受到日益广泛的关注。1969 年,世界最大的脑科学组织——神经科学学会(Society for Neuroscience,SFN)成立,该组织的年会通常会吸引来自全球 80 多个国家和地区的数以万计的研究者参加。

早期的脑科学与心理学的交叉研究较多地集中在基础认知功能,包括知觉、记忆、思维、注意、语言等方面。例如,把研究感觉信息处理过程作为揭示脑的奥秘的突破口;又如,海马结构与学习记忆密切相关,反映了一种突触效率的变化(可塑性);再如,短期记忆不需要新蛋白质的合成,而长期记忆所需的基因产物必须是新合成的。

神经网络技术的引入将脑科学与心理学的交叉研究带至一个新的高峰。人工神经网络具有脑的一些基本性质。例如,能够学习和记忆;神经元之间的连接强度具有"用进废退"的可塑性;细胞的集合由连接强度达最大值的细胞组成,可以从事某一模式的学习和记忆。

近年来,有关社会认知的脑机理探究取得了不少进展。一些关于学习和记忆等高级脑认知功能的重要研究成果不时发表,引发了广泛关注。2016 年,*Science* 发表了一项研究成果,通过光遗传学技术开关老鼠快速眼动(rapid eye movement,REM)睡眠期间的海马神经元,对比控制组老鼠,快速眼动睡眠期间关闭神经元的老鼠记忆任务的表现更差,这表明快速眼动睡眠在记忆巩固中具有重要作用。

(1)社会行为动机的研究进展。众所周知,人类的社会性能和动机是社会适应性的核心要素。研究发现,人类和其他动物在共情、安慰、合作和策略性欺骗等社会行为上具有相似性。而神经科学领域的研究表明,这些社会功能可能拥有一个共享的脑机制——社会脑(social brain)。2017 年,《认知科学趋势》(*Trends in Cognitive Sciences*)刊发了两篇与社会脑相关的文章,讨论了包括社会决策和社会学习的脑基础,针对这一机制的持续探讨,可揭示社会脑及其调节机制,这对很多社会功能障碍患者具有重要的意义。值得一提的是,随着网络社会的发展,越来越多的研究人员开始关注人类的社交网络、互联网和移动互联网如何影响人的大脑和行为。美国世哲出版公司的统计数据显示,自 2016 年底以来,阅读量最大的是互联网如何影响人类认知方面的文章。2017年初,《美国科学院院报》(*Proceedings of the National Academy of Sciences of the United States of America*,*PNAS*)刊发了一篇文章,分析了个体的社交网络和脑网络的关系。

此外,越来越多的研究注重与社会现实相结合,包括对贫穷、恐怖主义等的研究都有着深远的现实意义。

(2) 社会认知与情感研究的蓬勃发展。20 世纪 90 年代以来,借助功能磁共振成像(functional magnetic resonance imaging, fMRI)、正电子发射体层成像(positron emission tomography, PET)、单光子发射计算机体层成像、电生理学和人类的遗传分析等技术,脑科学家和心理学家开始致力于解决社会认知与情感的神经基础等科学问题。例如,研究人员在对社会心理学的自我参照问题的研究中发现,被试在使用与自我相关的词汇进行加工时,内侧前额叶会被激活,当进一步要求被试形容其他人的评价时,其内侧前额叶相关区域也被激活。研究人员还发现,与判断和自己有关的消极形容词相比,被试在判断与自己有关的积极形容词时扣带前回腹侧部分的激活尤其明显。眶额皮质或许是帮助人对自己的行为形成相对准确认识的区域,能够让人具备一定的洞察力以避免一些社会性错误(如说一些别人不感兴趣的话,且滔滔不绝);眶额皮质受损的人会表现出一些适应性不良的社交互动,如提出不礼貌的话题(事后让他看录像,他会因自己的表现而羞愧)。

(3) 对他人的觉知的研究进展。心理学中用"心理理论"来描述这种能力。心理理论(theory of mind)也叫心智化(mentalizing),是指描述个体推测他人心理状态的能力。因为他人的心理状态并不总是和看得见的线索保持一致,所以识别他人外在行为和内在意图之间的不一致对于理解他人的心理状态而言十分重要。脑科学的技术方法可以帮助人们更深入地探索其根源。目前的研究发现,与心理理论相关的神经区域主要有内侧前额叶皮质、颞上沟和杏仁核。① 内侧前额叶皮质对于推测他人的心理状态起到很重要的作用,当个体对他人的人格形成印象时(实验任务是让被试根据某一事件推断人物性格),内侧前额叶皮质会被更强地激活。② 颞上沟位于颞上回下方、颞中回上方,被认为在处理视觉信息和心理状态的关系中起着重要作用。婴儿在出生后就已经发展出了指向性注意,即专注于他人的注意能力。这种能力是通过注意他人的眼睛注视方向来达成的,也就是说,我们判断别人的注意指向,大多是通过观察他人的眼睛注视的方向来完成的。研究让被试观看一个动画女人,她将注视投向屏幕左方的棋盘或远离棋盘的右方(通过改变动画女人眼睛的注视方向来达成)。如果颞上沟只是在整合眼睛注视和心理状态时参与加工,那么在研究中会表现为被试看到女人注视棋盘时该区域被激活;如果颞上沟参与的是眼睛注视转移,那么不论女人的注视朝哪个方向转移该区域都会被激活。研究发现,当个体注意女人眼睛注视的转移并对其心理状态进行推测时,颞上沟后部的区域被激活。③ 杏仁核被认为是与应激状态和处理创伤有关的脑区域。孤独症患儿与他人存在交流障碍,不敢凝视他人的脸或与他人发生目光接触是患儿的明显症状。美国威斯康星大学的研究人员在《自然·神经科学》(Nature Neuroscience)上发文指出,他们同时追踪儿童的眼球运动和大脑各区域活动,发现当患有孤独症的儿童注视别人的脸时,大脑中负责判断外来威胁性视觉信号的杏仁核区域异常活跃,引发负面情绪。此后,由于患儿移开了眼睛,大脑中负责判断他人脸部视觉信号的梭形脸部区就不够活跃。此外,社会认知区域的其他损伤也是孤独症的成因。患儿倾向于以一种非常僵硬的方式进行推理,很难领会他人的心理和情绪状态,表现为"心理盲"(不能恰当地表征他人的心理状态)。患儿在执行心理理论任务时,内侧前额叶和颞上沟较少被激活,然而当患儿执行非自我参照任务时,内侧前额叶没有明显被激活。这说明孤独症个体固执地关注自己的内心世界而不是外界(内侧前额叶的静息状态表明在进行自我参照加工),他可能会持续地保持高水平的自我参照加工,表现为强烈的自我关注倾向。

(4) 共情能力的研究进展。共情是人有意识地通过换位思考来理解别人的思想和感受的过程。脑科学中提出了"镜像神经元"的概念,这可能是个体理解他人的重要前提。人们或许通过用自己的身体模仿他人的内心状态来使自己能够更准确地把握他人的心理状态(通过感知自己来理解他人)。一些研究发现,脑岛对于体验厌恶和觉知他人是否厌恶是非常重要的。同时,经历身体疼痛和觉知他人的身体疼痛都会激活脑岛和扣带前回,共情分数较高的个体在觉知伴侣痛苦的实验中也表现出更多的脑岛和扣带前回的激活。这些都说明了富有同情心的个体的镜像神经元更活跃,使得其能够更好地觉知他人经历的痛苦。针对脑损伤患者的研究也表明,若躯体感觉皮质受损,则个体识别他人情绪状态的能力亦会受损。

(5) 针对社会决策的研究进展。社会决策被认为是较为复杂的社会行为。社会决策研究的是人类如何利用社会知识来做出最佳选择的过程,通过整合心理学、社会学、脑科学和经济学原理来理解这一复杂的过程。个体可能倾向于认为其决策是经过深思熟虑的,但研究发现,在做决策的时候人是会受情绪左右的,并不完全是理性的(即不完全是通过利益得失计算来决策的),损失厌恶便是其中一个经典案例。假设一个场景:原本你有 50 元,你可以选择保留 20 元或把全部的 50 元用于投资,结果是你可能赢得 30 元或失去所有,此时个体往往会选择保留 20 元;如果将选择换成"你肯定会失去 30 元或把 50 元用于投资"的话,那么此时个体往往会选择后者。这便是肯定失去的选项诱发了负性情绪反应,使得个体倾向于关注任何可以帮助他避免损失的选项。在脑成像研究中发现,如果个体根据金钱原则(即获益最大)来决策,那么其眶额皮质会被更强烈地激活;如果个体根据情绪(损失厌恶)来决策,那么其杏仁核会被更强烈地激活。在最后通牒任务中,被试被告知与另一个玩家分钱,在出现不公平分配时,背外侧前额叶皮质和脑岛都被显著地激活了。负面情绪的产生虽然可能让人无法做出最理性的决策,但可以维护一个人的社会评价。在道德决策中,人们发现不同困境下的决策也与不同的脑区域有关。电车困境实验显示,导致个人化和非个人化的困境与不同的大脑激活相关,非个人化(介入不是很直接)决策与右外侧前额叶皮质和双侧顶叶的更大程度的激活相关。

　　脑与社会行为之间有着千丝万缕的联系,两者不是割裂的,而是有着广泛的融合,这一融合也是任一学科的一种必然发展趋势。本书定位于社会心理与认知的神经基础,正体现了这样的结合,既包含传统的社会认知的基础知识体系,又融入最新的脑科学研究成果,以便由浅入深地阐明社会认知活动的脑机制,而这对于理解人类大脑、社会认知、行为三者之间的关系而言是至关重要的。

第二章　社会知觉、基模与归因

社会知觉是外部世界与个人心理世界建立联系的桥梁和开端。人怎样知觉他人和周围世界？如何利用收集到的信息进行归因？哪些因素影响人的社会知觉的准确性？本章将围绕这些问题呈现社会心理学和认知心理学在本领域的相关研究。

第一节　社　会　知　觉

社会知觉（social perception）是指个体对社会信息的感知。其中主要是对人的感知，即对承担各类社会角色且富于个性色彩的人、人与人之间纷繁多变的关系，以及形形色色的群体建立起的最初印象，这种印象偏重于对表面特征的认识。

传统社会心理学研究中经常与"社会知觉"混同的一个概念是"社会认知"（social cognition）。推敲两个概念的内涵，我们倾向于认为社会认知是社会知觉的上位概念，社会知觉仅涉及整体表层印象，社会认知则包括关于特定社会对象的全部认识过程，"其中既包括社会知觉，也包括社会推理；既包括对其他人和外部世界的认识，也包括对自身的认识；而且有关态度形成等内容，实际上也从属于社会认知范畴"。

一、社会知觉线索

探案是指通过指纹、血型或其他的证据来建构那些我们实际没有看见的事件真相。哪些线索可以帮助我们了解同样无法直接看见的人的心理状态呢？研究发现，面部表情、肢体语言、副语言是推测判断他人内在状态、构建社会知觉的重要线索。

（一）面部表情

1. 表情与情绪

表情是人类表达自身情感信息的重要非语言行为，可被视为人类心理活动的晴雨计。达尔文于1872年出版了著名的《人类和动物的情绪表达》（*The Expression of the*

Emotions in Men and Animals），人类对面部表情（facial expression）的系统研究从此拉开了序幕。

从很小的时候开始，人的脸上似乎就清楚地出现六种基本表情：愤怒、恐惧、高兴、悲伤、惊讶与厌恶。Ekman 和 Friesen 到新几内亚的前文字部落开展研究，发现解读这六种基本表情的能力是跨文化的。当然人类的表情绝不限于这几种，表情会以多样组合（如既惊讶又恐惧）出现，且组合之中每种情绪的强度都会变化。因此，虽然基本的面部表情不多，但因不同组合、不同强度导致的变化是无穷的。

虽然早期研究结果暗示表情比其他情绪信号更具有普遍性，但晚近的研究结果指出，我们对面部表情的判断也会受面部表情发生的环境以及许多其他情境线索的影响。如男性面部显示通常被判断为"害怕"的表情，但如果我们通过读一个故事，得到这个人实际是处于愤怒之中的暗示，那么许多人会形容这是张愤怒的脸，即面部表情在提供关于潜在情绪的清晰线索上，并不像先前假定的一样具有广泛的普遍性，但若情境线索与面部表情不矛盾的话，则面部表情的确能够为潜在情绪提供精确的引导。

2. 基本表情的形态特征和含义

（1）高兴：从情绪起源的角度来说，愉快的心情源自自我满足或者超越满足，或者说，源自当事人接收到的信息高于主观预期。真实笑容的特征是眼睛的闭合和嘴巴的张开同步且等幅。如果眼睛的闭合程度与笑的程度不匹配，我们通常判定为假笑。

（2）惊讶：人们在遭遇意外刺激的短暂瞬间，停止一切活动，抬头、睁大眼睛、抬高眉毛、轻微张开嘴巴。睁大眼睛是为了看得更清楚，获取尽可能多的视觉信息，帮助行为人判断刺激源的性质和潜在的影响。抬高眉毛则是一种附属结果。张开嘴巴纯粹是为了吸入更多的空气，从而为身体准备好下一步"打或跑"所需的能量。

（3）厌恶：厌恶情绪的本源是对腐烂食物的排斥，皱眉、闭眼、上唇提升，试图关闭所有感觉通道。厌恶表情的根本特征源自一种身体行为——呕吐。行为人对厌恶的刺激源做出两种评价：一是否定；二是认为它低级，这里的"低级"是指虽然可恶但不对当事人造成威胁。

（4）愤怒：愤怒的刺激源可以归结为对所关心之事的威胁，并可以追溯到原始时代对人生存和繁衍的威胁。目的是调动能量来攻击、驱赶、伤害或者消灭对方。第二次世界大战时期，加拿大摄影记者 Karsh 通过抢走丘吉尔嘴里的雪茄的挑衅行为，拍下了丘吉尔那张双眉下压、下唇撅起、双目圆睁的著名照片。愤怒的生理需求是一边强力关注（所有强力关注都会皱眉，比如困惑），一边睁大眼睛小心地看着刺激源，因为如果不管它，它就会伤害你。愤怒表情必要的形态特征是上眼睑提升和下眼睑紧绷。克制的轻微愤怒容易被误认为是深思。

（5）恐惧：是对可能发生的伤害产生的情绪。虽然还未发生，但因为刺激源力度过大，超过当事人的心理承受力，使其觉得无力消除这个即将发生的伤害。恐惧的表情是惊讶和悲伤两种表情的结合体,可以理解为在惊讶之后预支的悲伤。电影中时常表现的那种紧闭眼睛、惊声尖叫的反应,其实是因为行为人心里已经默许了最坏结果的发生,是悲伤的衍生。

（6）悲伤:是所有情绪中唯一一个放任能量流失的情绪,而其他情绪会调动能量用于肢体消耗。悲伤源自损失,最饱满的悲伤反应是痛哭,紧闭双眼,咧开嘴,下嘴唇曲线呈"W"状,这样的口型是痛哭表情所特有的。

六种基本表情如图 2.1 所示。

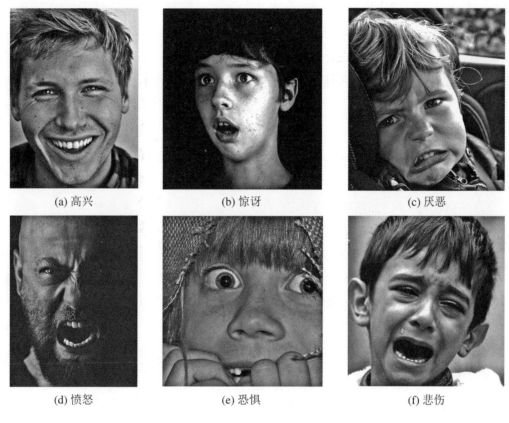

(a) 高兴　　　　　(b) 惊讶　　　　　(c) 厌恶

(d) 愤怒　　　　　(e) 恐惧　　　　　(f) 悲伤

图 2.1　六种基本表情

3. 微表情

微表情与普通表情有所不同,它是一种非常快速的表情,持续时间仅为 0.04～0.2 秒。因此,大多数人往往难以觉察到它的存在。

一个偶然的机会,Ekman 及其同事受一位精神病学家的委托,对一段抑郁障碍患者撒谎以掩盖其自杀意图的录像进行分析。视频中该患者显得很乐观,笑得很多,表面上没有表现出任何企图自杀的迹象。但当对该录像进行慢速播放并逐帧进行检查时,他们发现在回答医生提出的关于未来计划的问题时,该患者出现一个强烈痛苦的表情。而在整段视频中,这个表情只占据两帧画面,持续时间仅为 1/12 秒。

之后的研究发现微表情与人类内在的情感信息加工过程紧密相关,它无法伪造,不受意识控制,反映了人类内心的真实情感,但很难为人们所觉察。微表情既可能包含普通表情的全部肌肉动作,又可能只包含普通表情肌肉动作的一部分,它往往在人撒谎时出现,表达了人试图压抑与隐藏的真正情感,是一种自发性的表情动作。微表情具有的上述性质,使它可能成为我们了解人类真实情感和内在情绪加工过程的一个窗口。

Ekman 研究团队是开展微表情研究的主要力量。但是,他们的部分研究工作具有保密性质,未公开发表。根据已公开发表的资料,微表情研究可总结为早期的微表情识别研究、微表情识别的应用研究、微表情表达的研究三部分。早期的微表情识别研究注重测量微表情识别能力,考察微表情识别与谎言识别的关系,并成功构造了微表情识别的训练程序。在该训练程序的基础上,微表情识别的应用研究近年来层出不穷。然而,有关微表情表达的研究才刚刚萌芽,很多重要的问题还不清楚。迄今为止,人们对微表情的心理与神经机制的认识、对微表情的实际应用都十分有限,有待在未来开展更为系统深入的研究。

(二)肢体语言

所有的非语言动作都被称为肢体语言(body language)。它涉及身体动作、手势、眼神接触等。大量的身体动作,特别是一个部位对另一个部位的动作(触碰、摩挲、抓挠等),暗示情绪起了波动,这种行为的频率越高,表明这个人的激起水平或紧张水平越高。

握手这种触碰陌生人的方式,已被不同文化背景的人接受。研究发现,个体的握手越有力、持久而强劲,我们就越倾向于从外向、开放的角度来评价他。进一步说,握手越有力持久,个体的第一印象就越讨人喜欢。

(三)副语言

心理学家称非语词的声音信号为副语言(paralanguage),包括说话中的语速、音调、声音强度、口误频率、停顿或迟疑等非语词内容,但其本身又传达了一定内容的附属信息。研究发现,低音频是与愉快、烦恼、悲伤的情绪相联系的,而高音频则表达恐惧、惊讶、气愤。副语言研究者 Depaulo 发现,鉴别他人说谎的可靠线索是声调,老练的说谎者可以控制体态、目光接触、脸红等,但说谎时声调的提高常常是不自觉的。因此,测谎仪可以通过分析人们说话的节奏、声音的频率、波长等信息来判断当事人是否言不由衷。

二、印象形成的假说和模型

印象(impression)是指人在遇到新的社会情境时,以自己的已有经验为基础,将情境中的人和事物进行归类,然后形成概念。这是社会知觉过程的结果。社会心理学家对印象及印象形成的探讨，均集中在以人为对象上。

（一）格式塔方法和 Asch 的核心品质假说

格式塔理论（格式塔是德文单词 Gestalt 的音译，在德语中有"形式、形状、形象"的意思）出现于 20 世纪上半叶，是一种反对以行为主义者和结构主义者的理论为代表的破碎的、原子论心理学方法的理论。早期的格式塔理论家 Wertheimer 等关心的主要是知觉，而且就像该理论名称表明的那样，认为人是"按程序"来觉察不可分割的整体形状，而不是接收支离破碎的信息。

Asch 是社会知觉研究领域中格式塔运动的重要代表人物之一。与其他格式塔理论家一样，他潜心研究了观察者利用大量零散信息形成完整人物印象的方式，这个问题至今仍处于印象形成研究的核心位置。Asch 认为，印象形成并不是简单地对知觉对象个人的各种品质进行平均拼合的结果；相反，它是个整体过程，在这个过程中某些"核心"品质对印象具有不均衡的影响，并成为对象的所有其他信息借以组成完整形象的支撑点："被试企图通过这一或这些品质来抓住人物的核心。"

为检验这个假说，Asch 发给被试一套描述对象个人特性的形容词。他向一部分被试把对象描述为"聪明、灵巧、勤奋、热情、果断、务实、谨慎"，另一部分被试读到同样的描述，只不过其中的"热情"被换成了"冷淡"。Asch 发现，单一核心品质的代换，如把"热情"换成"冷淡"，事实上对印象有很大影响。但如果改换的不是"热情-冷淡"这两个核心形容词，而是两个边缘品质（如"文雅-粗鲁"），结果表明，这些非中心品质的替换只对印象产生非常微小的影响。

Kelley 之后在更接近现实的条件下重复了 Asch 的实验，得到和 Asch 一致的研究结论。

（二）印象形成的算术模型

另外一些学者选取了与 Asch 不同的研究方向，寻求建立描述我们综合处理信息以形成对他人印象的方法和过程的算术模型。被大家熟知的有两种：总和模型和平均模型。

根据总和模型，我们对一个人的总印象，仅仅是他拥有的特征值的总和。而 Anderson 提出和完善的平均模型认为，最终印象仅仅是输入特性的算术平均值。

实际上，印象形成的算术模型依赖于一系列表现个性特征的形容词，它们的受喜爱程度已被量化。Anderson 根据被试对 555 种个性品质所做的判断，建立了个性特征的可爱性及意义评级（表 2.1）。

表 2.1　个性特征的可爱性及意义评级(部分高等和低等可爱品质举例)

	序　号 (选自 555 种)	词　项	可爱性 (7 点量表)	意　义 (7 点量表)
极好词项	1	真挚	5.73	3.70
	2	诚实	5.55	3.84
	3	通情达理	5.49	3.68
	4	忠诚	5.47	3.66
	7	聪明	5.37	3.68
	8	可靠	5.36	3.86
	12	体谅人	5.27	3.72
	16	热情	5.22	3.56
	18	善良	5.20	3.68
极坏词项	531	吵嚷	0.83	3.76
	532	自私	0.82	3.64
	533	心胸狭窄	0.80	3.74
	538	粗鲁	0.76	3.76
	539	自负	0.74	3.78
	540	贪婪	0.72	3.38
	543	不真挚	0.66	3.64
	544	不善良	0.66	3.78
	545	不可信任	0.65	3.76
	548	恶毒	0.52	3.46
	549	讨厌	0.48	3.76
	552	残忍	0.40	3.76
	555	说谎	0.36	3.92

(三) 背景和语境的影响

现实生活中的印象形成能够完全被归结为累加或平均吗?印象形成的研究同样凸显了社会心理学实验室研究中普遍存在的问题:数不胜数的不可控变项影响着结果的精确性,如文化背景、语境,甚至当时的天气、被试昨晚的睡眠状况……下面举例说明。"骄傲"在某些语境中被判断为正面的和可爱的,例如,它出现在表明一个人自主、自信的语境中:"我在讲台上慢慢克服了恐惧,开始自如表达,心里很为自己骄傲。"而在另一语境中则会获得完全负面的评价,例如,在自大或挑衅的语境中:"我的同学智商不如我,颜值不如我,家境也不如我,在他们面前,我没法不骄傲。"试图排除或控制这些影响,以便研究某变项的纯粹状态,是科学研究的惯例,正如我们利用词项表而非真人就能确切计算出"可爱性"。只是这样得出的结论和现实中复杂的印象形成结果有多大偏离呢?这是值得我们思考和进一步探究的问题。

三、印象管理

多数人有强烈的要给人留下好印象的愿望,也会为了这样的目标做种种努力。在社会心理学中,我们将这种有意控制他人对自己形成各种印象的过程称作印象管理(impression management)或自我呈现。有研究显示,能成功执行印象管理的人,常能在各种社会情境中获取优势。

(一)印象管理相关研究

正式提出"印象管理"概念的是美国著名社会学家 Erving Goffman。Goffman 基于符号互动论的角度,在《日常生活中的自我呈现》(*The Presentation of Self in Everyday Life*)中写道:"印象管理就像戏剧表演,任何人在社会中的交往都可以看作一种戏剧表演,每个人都是演员,并总是尽量使自己的表演接近自己想要呈现给观众的那个角色,从而塑造他人眼中的自我社会形象和身份。"

Jones 曾对人际关系中的讨好行为(ingratiation)做了相当深入的分析,并首次采用归因历程的观点来解释印象管理,将印象管理引入心理学领域,把自我表现扩大到企图控制他人对自我的印象。这一思想引起了心理学家对印象管理的兴趣,改变了印象管理一直属于社会学范畴的地位。

随着印象管理理论在商业领域的使用,学者们在印象管理策略这一范畴开展了更多研究。Lake 和 Arkin 将个体印象管理的具体行为区分为获得性自我表现和保护性自我表现。获得性自我表现是自我积极主动地采取行为进行印象管理,以此获得他人的赞许和建立一个被他人认可的社会角色;而保护性自我表现是一种消极的管理策略,不是去创造好的形象而是竭力去避免不合适的自我形象,避免受到指责。Tetlock 等将印象管理分为防御性印象管理和肯定性印象管理。防御性印象管理是对已有的社会形象进行保护,它被消极的情感状态引导,感受到外界对自己形象的威胁并进行自我调节管理;肯定性印象管理是对个体的社会形象进行改善,被自我知觉动机引导,对某些会构成被赞许印象的环境进行把握并采取行动。

Leary 和 Kowalski 提出了印象管理的两过程模型,他们认为印象管理包括印象动机和印象建构两个过程。印象动机反映的是个体控制他人对自己形成的知觉和印象的愿望;印象建构则是指人们如何"改变自己的行为以影响他人对自己的印象",是用来产生具体印象的策略。这一模型提供了对印象管理行为的综合理解。

通过对前人文献的整理,可将印象管理策略分为获得性印象管理策略、保护性印象管理策略和间接印象管理策略三种(表2.2)。

表2.2 三类印象管理策略

分类	策略	研究者	时间	内 涵
获得性印象管理策略	讨好	Jones	1964 1990	包括恭维对方、顺从对方、自我表现谦虚及施惠对方
		Ralston,Elsass	1989	抬举他人的各种形式是最有效的讨好行为
	自我推销(即自我抬高)	Jones,Pittman	1982	个体向目标观众表现出其能力与成就,以便让观众觉得更有竞争力
		Ellis,West,Ryan,Deshon	2002	包括往脸上贴金、自我提升和克服障碍
	威慑	Jones,Pittman	1982	希望传达一种很危险、很有权势、有影响力的形象,以此来制造自己是个危险人物的印象,多用于上级
	恳求	Becker,Martin	1995	利用自己的弱点来影响他人,给人留下自己能力差或者很糟糕的印象,通过激活社会责任规范使自己获益
	榜样(以身作则)	Jones,Pittman	1982	是一种策略性的自我牺牲。通过带动作用的道德示范方式影响和控制他人
	自夸	Schlenker	1980	自称其行为将会带来比他人以前所认为的更好的结果
	贬低他人	Cialdini,Richardson	1980	对与自己关系不大的人或团体进行贬低
保护性印象管理策略	合理化理由	Scott,Lyman	1968	用于解释不利行为,弥补行为和期望之间的差距。分借口和辩解两类
	事先申明	Hewitt,Stokes	1975	预先估计提出申明可能带来的不便
	自我设障	Rosenfeld	1995	自己设障,为结果提供一个理由
	道歉	Rosenfeld	1995	通过悔恨获得他人原谅
间接印象管理策略	切断失败反射回路	Snyder,Lassergard,Ford	1986	
	利用中立方	Bleifuss	1994	通过中立的第三方传达印象
	非言语	Tetlock,Fiske,Depaulo	1986 1991 1992	符合社会情境规范

（二）印象管理与一贯性

印象管理容易给人留下这样的印象：好的管理者就像变色龙，可以随意操控管理策略以适应外界状况。的确，这种策略应用在我们偶尔碰见或只有泛泛之交的人身上有时是非常成功的。但在持久性关系中，一贯性就变得极其重要，我们不能一时慷慨、一时吝啬，向上逢迎、向下欺压。有研究者称此类为"烂泥巴效果"，这些在上级面前爱出风头但对下属不屑一顾的人，我们对他们会有形成极为负面印象的倾向。

鉴于此，一旦确定了别人所接受的公认印象，我们就倾向于保持一贯性并维持这种形象。我们的自我展示如果没有一贯性，势必会使自己丢面子、失信于人乃至显得滑稽。对许多人来说，仅仅为了表明自己的行为具有一贯性，他们甚至不惜勉强自己，做违心的事。Freedman 和 Fraser 指出，某个人一旦被说服答应一个较小、合理的要求，表现一贯性的需要会诱使他们答应下一个较大且不合理的要求，他们将这种现象称为"得寸进尺效应"。

（三）印象管理与自我监控

在印象管理的过程中，有印象管理动机的个体往往基于对环境的评估进行印象建构。人们在交往中往往会密切观察他人的反应，对社交情境进行评估，以确保自我表现（印象管理）及时变化以符合他人的期望。Snyder 将这种个体对自我和环境的评估称为"自我监控"（self monitoring）。在现实人际交往中，高自我监控者具有高度务实性和灵活度，当进入一个社交场合时，高自我监控者往往会辨别周围情况以决定如何表现自己，且呈现出自己的积极形象。而低自我监控者进入社会环境时，他们仍然会按照自己惯有的态度、信仰和感觉行事，继续维持自己一贯的形象，而不是努力成为适应环境的人。Snyder 等认为高自我监控者具有以下特征：

（1）更关注社会情境中他人的行为。

（2）更愿意进入能够为行为提供清晰指导的情境中。

（3）对具有公共行为性的职业更感兴趣，比如表演。

（4）更善于读懂他人的面部表情。

（5）比低自我监控者更善于沟通情绪。

因此，可以说高自我监控者与低自我监控者相比在进行印象管理方面更加有效。Bolino 通过实验研究发现，相对于低自我监控者来说，高自我监控者知道并能够更好地进行印象管理。

第二节 基模与归因

倘若某人与你谈话的时候左顾右盼,频繁看表,你可能很快觉察,并推断他要么对你缺乏兴趣,要么注意力正在被别的事情牵扯,因此你会想要尽快结束谈话。你快速得出结论的部分原因,可能来自过去的相同经验,随着经验的累积而发展出了解此类情境的某种心理结构。

又或者当我们走进一家快餐店,我们不用想也知道不能坐在餐桌旁等待服务员和点餐,而应该直接去柜台点餐。因为我们的心理剧本会告诉我们这才是快餐店里顾客该履行的流程。

这样的心理结构或剧本我们称为基模(scheme)。"基模"这一术语高度概括,它包括我们对很多事情形成的知识,如其他人、我们自己、社会角色(外科医生是什么样的人)和特定事件(比如人去快餐店吃饭通常会发生什么事)。

基模不仅深刻影响着我们的社会认知,也间接形塑了我们的社会行为。

一、基模类型

(一)自我基模

自我基模是个人对自我的认知结构,也是个人对自我的性格、属性与社会角色等方面的心理表征。比如说,如果个人认为自我是善良的人,则其自我基模就会有怜悯与诚实等属性。

(二)个人基模

个人基模是指我们对特定的人会有认识,也会借由认识将所得到的信息组织起来,进而影响我们与他人的互动关系。例如,对特定他人建立了"时尚、前卫、开放"的基模,你会对你们之间未来可能的关系有预估:因为兴趣和态度的差异,他感兴趣的场合你可能会不大自在,你们之间的交流可能会停留在礼貌而表浅的层面。因此,当他转身离去时,你可能不大有失望或难过的情绪。

(三)角色基模

角色基模帮助我们了解某一角色的内容以及扮演此角色者的大概模样。譬如,我们对于大学教授的角色基模可能是：教学、研究、辅导学生和参与社会事务，学历高，善于言谈，不讲究衣着，常戴眼镜等。

（四）情境基模

情境基模也称为脚本或剧情（script），是一段时间内按一定顺序呈现的行为序列。比如说"一群人在餐厅点菜"可以是个脚本，这个行为序列可能包括：所有人入座，服务员递上菜单，几个人开始讨论并列出他们喜欢的菜，其他人表示他们不会点菜，吃什么都行，讨论喝点什么，最后核对，某个特别辣的菜因为有人不能吃辣被剔除，有人建议给孩子加个文蛤蒸鸡蛋，最后由一个人（多数时候是召集吃饭的人）向服务员交代选定的菜品。

Rose 和 Frieze 让大学生分别列出男女青年为了准备第一次约会、见面和共度时光分别要做些什么（表2.3）。通过这张表，我们可以发现，在当时的文化背景下，男性依然被预期在约会中发挥主导作用：邀请女性外出、决定去哪儿、为约会付账、主动进行身体接触并开始邀请下一次约会。

在当今社会中，存在着对性别角色的多重定义。在工作和人际关系中，人们可以获得的选择比过去更少受到性别的影响。

在某些情境下，脚本或剧情使我们在日常生活中节省心理能量，并快速了解在社会情境中该有哪些期待，预测他人的可能行为，以及某事件后来可能产生的影响。

表 2.3　美国 1980 年前后的约会脚本

女　性　角　色	男　性　角　色
朋友和家人	请求约会
修饰打扮	决定去哪儿
紧张	修饰打扮
担心或改变外表	紧张
等待约会对象	担心或改变外表
在家欢迎约会对象	准备车
介绍父母或室友	检查钱
确认计划	去约会对象家
开始了解约会对象	遇到约会对象父母或室友
恭维约会对象	为约会对象打开车门
开玩笑、笑、聊天	确认计划
试图给约会对象留下深刻印象	开始了解约会对象
去看电影、演出或参加聚会	恭维约会对象
吃饭	开玩笑、笑、聊天

续表

女　性　角　色	男　性　角　色
告诉约会对象自己玩得很开心 道别吻	试图给约会对象留下深刻印象 去看电影、演出或参加聚会 吃饭 付账 在身体接触中采取主动行为 把约会对象送回家 告诉约会对象自己玩得很开心 邀请下次约会 告诉约会对象保持联系 道别吻

二、心理捷径

目前,"驾驶汽车时拨打、接听手持电话"已经被公安机关交通管理部门列为交通违法行为并会对当事人进行处罚。有人认为,如果开车时使用电话未手持,而是使用蓝牙耳机,其安全性就不会受影响。但是,事实证明这两种操作同样危险,因为这件事不仅仅与手和眼有关,更重要的影响来自接打电话需要耗费大脑的认知资源,会使驾驶员的反应敏感度严重降低。

由此我们更加明确人类认知能力的一个基本原则:它是有限的。任何时刻,若对我们认知系统的要求大过其负荷量,就会影响我们的判断和处理。日常生活中,我们需要进行认知的对象纷繁复杂,而我们拥有的资源有限,这就需要我们构思出应对策略,用来减轻我们的认知负担,提高认知效率。我们之前积累的关于人、关于角色、关于事件的种种基模,是我们发展心理捷径的基础。

(一)代表性启发式

将某人或某事识别为特定基模,对所有社会推理和行为都是基本的。"它是什么?"这个问题必须在实施其他认知任务前得到回答。一个被称为"代表性启发式"的心理捷径提供了完成这项任务的快速方法。

心理学家 Kahneman 和 Tversky 进行了一个名为"Tom W"的著名实验。他们给被试一段关于"Tom W"的描述:"Tom W"智商很高,但是缺乏真正的创造力。他喜欢按部就班,把所有事情都安排得井然有序,写的文章无趣、呆板,但有时也会闪现一些俏皮的双关语和科学幻想。他很喜欢竞争,看起来不怎么关心别人的感情,也不喜欢和其他人交往。虽然他以自我为中心，但也有很强的道德感。然后要被试估计，"Tom W"最有可能是以下哪个专业的学生：企业管理、工程、教育、法律、医学、社会学？想象一下如果你是其中一名被试，你会怎么回答？结果绝大多数被试认为"Tom W"最有可能是工程类专业学生。这样的判断根据非常简单的原则：个人和特定群体的典型成员越相似，他就越有可能属于这个群体。

这种快速识别人和事件的方法有时候会出错，原因之一是没有考虑其他重要的限定信息。例如，在一座小镇，那里大部分人以务农为生，但有一个图书馆，有且只有一名图书管理员。我们在这座小镇遇见一个人，他"害羞、退缩，乐于助人，对人和现实世界兴趣不大；他温顺而整洁，喜欢有秩序有组织，并且十分注重细节"。现在要求你猜测他的职业，你认为他是一位农民、演员、图书管理员，还是儿科医生？在这种情况下，代表性启发式心理捷径很可能将你导向图书管理员，因为对他的描述符合我们印象中图书管理员的代表性特征。但如果考虑这个小镇居民组成的实际状况，那么他是农民而不是图书管理员的可能性非常高。换言之，用代表性启发式心理捷径常常忽略了应该被纳入推理的相关统计信息，在这种情况下，可能会导致不正确的回答。

（二）可得性启发式

有多少大学生是学习心理学专业的？一个人乘坐飞机出行遇到交通事故的可能性有多大？这些问题是关于某个特定事件发生的概率。人们回答这类问题的常见方式是利用出现在脑海中的例子，如果你从你的朋友和认识的人之中，回忆出许多心理学专业的大学生，你可能会假定校园里有许多心理学专业的学生；或者你想起不久前才在报纸上看见飞机失事、发生空难的报道，可能假定坐飞机遭遇事故的可能性较大。根据想起相关例子的容易程度，或者能够迅速想起的信息数量来推理某个事件的可能性和概率称作可得性启发。

很多时候使用可得性启发是可以产生正确答案的，毕竟某件事情容易想起，通常是因为它的概率较高。偏差因素可能会增加或降低某类现象或事件的可得性，却没有改变它们实际的总体概率。比如你是一名心理学专业的学生，你的许多朋友和认识的人很可能也是心理学专业的，因此你想起心理学专业的例子会很容易，由于这一偏差，你可能高估心理学专业学生的数量。

（三）定锚与调整

定锚与调整是指在没有把握的情况下，人们通常利用某个参照点和锚（anchor）来降低模糊性，然后再通过一定的调整来得出最后的结论。

前一年的预算支出会影响下一年预算的制定，谈判中的起始位置可能会影响下一轮谈判。而陪审团向法官陈述证据的顺序如果使法官将罪行锚定在了更严重的证据上的话,可能会导致更严厉的判决。生活中,定锚与调整影响我们对人和事判断的情况比比皆是:理发时,有高级发型师价、总监价、首席价(价格依次递增),高级发型师价格就显得划算;房产中介带客户去看房,把最想卖给客户的房放在最后推介,前期拼命推介给客户缺点明显的房子;奢侈品店门口摆放几十万元的商品,顾客进去看到1万元左右的商品就对价格不太敏感了;外卖订餐时,把告知用户的送达时间故意延长,这样外卖小哥能在系统规定时间前送达,给用户的感觉是这家店服务响应速度快,用户满意度大大提高。

心理捷径帮助我们减少花在社会认知上的心力,大多数时候是很有用的,其效果令我们满意。但毋庸置疑,捷径不见得总能导向最佳决定,如前所示,有时候还会带来偏差,这也是我们需要认识和接受的。

三、归因与归因理论

关于他人当下情绪或感受的确切认识是很有用的,然而,在这之外,我们通常想要知道得更多更深,以便理解他人稳定连续的特质,知道他们行为背后的原因所在。

我们寻找这种信息的步骤被称为归因(attribution)。确切地说,归因是指为了理解他人的行为背后,或有时候我们自己行为背后的原因所做的尝试。社会心理学家研究归因已经有数十年了,他们的研究也产生了许多有趣的见解。

(一)归因理论

1. Heider 的归因理论

Heider 认为每个人都在很自然地观察因果关系,归因就是由观察到的现象来推论观察不到的原因。日常生活中每个人都是朴素心理学家,都有一系列从经验中总结出来的有关人的行为与其原因相联系的观念和理论。Heider 将行为的原因分为环境因素和个人因素:环境因素如他人、奖惩、运气、学习工作难易等;个人因素如人格、动机、情绪、态度、能力、努力等。如一个学生考试不及格,可能由于个人因素——他不聪明、不努力等;也可能由于环境因素——课程太难、考试题目设计不合理等。相应地,如果将行为原因归于环境称情境归因,归于个人称本性归因,二者兼有则称作综合归因。只有先理清行为的原因是内在的还是外在的才能有效地预测、控制行为。Heider 关于环境与个人、外因与内因的归因理论成为后来归因研究的基础。

2. Jones 和 Davis 的相应推断理论

相应推断理论(theory of correspondent inferences)探讨我们如何运用观察到的他人行为信息来推断他们可能拥有哪些特质。看起来很简单,他人行为为我们的推断提供了依据,如果仔细观察他人的行为,我们应该能对他们有更多了解。然而这项任务十分复杂,因为人们常常以某种方式行动,并不是出于自己的喜好或特质,而是受限于外在因素,让他们没有太多选择。

我们如何处理这种复杂性? 根据 Jones 和 Davis 的理论,我们得把焦点放在某些特定类型的行动上。首先,我们只考虑那些似乎是自由选择的行为,忽略那些几乎是被迫的行为;其次,我们把注意力放在表现出 Jones 和 Davis 所谓的非共同效应的行动上,这一类行动往往只由某个特定因素造成,和其他因素无关联。这让我们能够对他人行为的原因做归零校正。想象你的一个朋友订婚,他的未婚妻外表漂亮,人品好,非常爱你的朋友且十分富有,你对于朋友为何决定和这个女子结婚能了解多少? 借此推断你朋友是个怎样的人? 不明确,他有太多理由做这个决定,换别人大概率也会做这个决定。相反,想象朋友的未婚妻外表漂亮,但对你的朋友一直冷漠相待、言谈乏味,且负债严重、挥霍无度。在这种情况下,你朋友将要和这个女子结婚的事实,是否向你透露了一些关于他的事情? 肯定是,你也许能做出他在乎外表胜于人格、财富及其他的结论。

Jones 和 Davis 还提出我们对他人不符合社会期许的行为,会给予比较大的关注。换句话说,我们通过他人所做的在某方面不寻常的举动得知比较多的他们的特质,胜于通过那些和大多数人相似的行动。

总的来说,根据 Jones 和 Davis 提出的理论,当他人的行为是自由选择的、产生明显非共同效应的、社会期许低的时候,我们最能够做出他们的行为反映其稳定特质的结论。

3. Kelley 的三维理论

根据 Kelley 的研究,在试图回答关于他人行为为什么的问题时,我们把焦点放在三种主要的信息上:① 共识性:其他人对特定刺激或事件反应的方式和这个人相同的程度,以相同方式反应的人比例越高,共识性就越高;② 一贯性:即这个人对刺激或事件反应的方式和在其他场合下相同的程度;③ 独特性:即这个人对其他刺激或事件以相同方式反应的程度,是只对这一刺激做出这样的反应,还是对所有此类刺激都做出同样的反应。

根据 Kelley 的理论,在共识性和独特性低但一贯性高的情况下,我们最有可能将另一个人的行为归因为内在原因;相对地,在共识性、一贯性和独特性都高的时候,我们最有可能将另一个人的行为归因为外在原因;最后,在共识性低但一贯性和独特性高的时候,我们倾向于将另一个人的行为归因为内在与外在因素的结合。

4. 动机的归因理论

通常情况下,行为的内外原因中一部分是可变的,另一部分则是稳定的。心理学家 Weiner 通过大量研究发现,学生在某项作业或考试上的成功或失败倾向于将原因归于四种原因中的一种或几种。这四种原因分别为能力、努力、运气和任务难度。这些可以按照原因的稳定性和控制的位置两个维度分为四类。其中能力属于内在且稳定的原因,努力属于内在但不稳定的原因,任务难度属于外在且稳定的原因,运气属于外在但不稳定的原因。

行为原因的稳定性非常重要,因为对行为原因稳定性的归因会直接影响对行为原始动机的理解,当行为被归因于稳定的内外因素,意味着人们可以通过这些因素来预测未来的行为;而如果行为被归因于不稳定因素,则预测的前景就不明朗。Weiner 的研究得出以下几个结论:

(1)当一个人目前的成败与自己过去的成败不一致,而且与别人的成败也有所不同时,一般将其归因为不稳定的内在因素。例如,以往成绩一直优秀的学生这一次考试没有及格,而班级其他同学考得很好,则倾向于把他这次考试的失利归因于努力不够。

(2)当一个人目前的成败与自己过去的成败相一致,而且和他人的成败也一致时,任务的难度往往成为归因所在。

(3)当一个人目前的成败和自己以往的成败一致,但是和他人的成败存在不同时,能力就成为归因所在。

Weiner 的研究结论显示,行为原因除了有稳定性与控制的位置两个维度外,还有一个维度是可控性,即行为的动因能否为行动者个人所控制。如果是可控的,意味着行动者可以通过主观努力改变行为及其后果。

关于可控性研究,心理学家 Rotter 曾提出一种有关个人归因倾向的理论观点——控制点理论。他认为个人对自己生活中发生事件的后果会有不同倾向的归因,对某些人来说,个人生活中多数事情的后果取决于个人的努力程度,他们相信自己能控制事情的发展和后果,这一类人的控制点在个人内部,因而被称为内控者;另一些人则认为个人生活中多数事情的后果是不能控制的外部力量作用的结果,他们相信是社会的安排、命运和运气等因素决定了自己的状况,个人努力无济于事,这种人倾向于放弃对生活后果的负责,控制点位于个人之外,因而被称为外控者。

20 世纪 60 年代以来,大量国内外有关控制点问题的研究显示了控制点理论的重要性。Weiner 等于 1970 年的研究发现内控者倾向于有高成就动机,而外控者倾向于有低成就动机。Dweek 等的研究则表明内控学生对学习有更多自信与更大自我负责倾向,会不断地给自己设定更高的成就目标,喜欢向困难任务发出挑战,并有更大的挫折耐受力;外控学生相对缺乏信心,焦虑水平更高,对具有挑战性的活动缺乏兴趣;内控学生通常比外控学生更喜欢学习,成绩也更好。

(二)归因偏差

心理学家发现,当我们将以上讨论过的归因理论用于实际生活时,常常会出现或多或少的偏差。这些在归因过程中常见的错误和偏差有的来源于认知过程本身的局限,有的来源于人的动机,有的则二者兼有。了解这些错误的偏差,可以帮助我们全面了解人们采取归因方法的实际情况,尽力避免误入歧途。

1. 基本归因偏差

基本归因偏差（fundamental attribution error）指人在对他人的行为进行归因时，往往倾向于把别人的行为归结为内在因素，而低估了情境因素的影响。

在西方的归因理论中，基本归因偏差被认为是一条普遍的归因规律。Morris 和 Peng 就美国发生的两件类似惨案，对照分析了英文报纸和中文报纸的相关报道，发现英文报纸的报道集中在对两位谋杀者心理不稳定和其他消极个性因素的推测上，中文报纸则集中在情境背景等社会因素的表述上。他们对中美两国大学生如何解释同一事件的调查，也得到了类似的结果。可见由于文化背景的不同，西方国家的人倾向于用个体因素来解释事件，而东方国家的人多使用情境归因。

2. 演员-观众效应

演员-观众效应（actor-observer effect）指当事人对自身行为归因不同于他人对此行为的归因。虽然双方认知的是同一个行为，但是当事人倾向于把成功归因于个人，把失败归因于环境；观察者就会更多地把成功归因于情境，把失败归因于个人特质。

3. 自我服务偏差

自我服务偏差（self-serving bias）指人们倾向于把别人的成功和自己的失败归因于外部因素，而把别人的失败和自己的成功归因于内部因素。个体一般都对良好的行为采取居功的态度，而对于不好、欠妥的行为则否认自己的责任。例如，应聘失利，会指责招聘过程不公；而如果顺利应聘，则不过是因为自己良好的个人品行或专业素养被对方发现了。

为什么会发生自我服务偏差？形形色色的解释依然可以大致归为两类：认知局限或动机。

从认知局限角度探讨，Ross 认为自我服务偏差的产生可能源于自我认知的某些局限，比如：

（1）自己在活动中的作用和贡献更容易被注意。

（2）回忆自己的作用和贡献比回忆别人的要容易。

（3）接受信息的差异可能导致我们认为自己的作用大，他人工作的时候我们不在场，因此可能会低估他人的作用。

同时，我们进行社会认知的过程，总是同时受到追寻真相和保护自尊的动机驱使。当某种行为有个体的自我卷入时，个体在归因过程中就会有明显的自我价值保护倾向，即归因会朝有利于自我价值确立的方面倾斜。自我服务偏差往往随自我卷入的深浅变化，卷入越深，自我服务的程度越高。

从印象管理的观点来看，Bradly 认为自我服务的真正目的是在别人面前展示良好的印象，我们对成功或失败的真正原因有一定的认识，但为了维护自己在别人面前的良好形象，就会把成功归因于自己的能力，把失败归因于环境因素。

在自我服务偏差的研究中同样发现了文化差异。Takata 的研究发现,在把成功归因于内在原因,而把失败归因于外部原因时,美国人表现出自我服务的偏向,而亚洲人特别是日本人,则表现出相反的偏向。

第三节　研究特写:社会认知神经科学揭示网络表情的实质

在日常面对面的交流中,人们主要是通过有声语言来进行言语交际活动的。与此同时,人们往往会通过手势、语气、变音、面部表情、身势动作、空间距离和服饰装束等来进行辅助交际,我们把这些统称为非语言交际(或身势语)。在特定的语言环境中,你甚至可以不说话,仅仅用一个眼神、一个手势或者一个表情就可以传递情感、表达意图。网络交际是一种处于虚拟场景的交际,网络交际的一个重要特点是以文字为重要交流手段。仅依靠文字,交际双方无法面对面交流,就会导致表情、动作等非语言信息的缺失,限制了思想和情绪的表达。因此,为了弥补这种缺失,人们创造出了网络表情模拟真实场景中人们的表情来辅助语言交流,从而达到如见其人、如闻其声的作用。如果把面对面的现实交际简单概括为"有声语言＋身势语言"的交流,那么网络交际则可以看作"文字＋网络表情符号"的交流。

一、网络表情符号的发展历史

(一) 键盘符号类表情符号

关于表情符号诞生的时间,人们普遍认为是在 1982 年 9 月 19 日,卡内基梅隆大学计算机科学学院 Scott Fahlman 教授在他们大学内部的一个 BBS 论坛上第一次用了一个表情——由微笑的嘴巴、眼睛和鼻子组成的笑脸":-)"。他最初把这个符号定义为发言者在开玩笑,从此单调的基于文字交流的网络语言世界里出现了表情符号,为人们的网络情感交流打开了新的世界。

在英语里出现了一个全新的单词"emoticon",专门用来表示这样的一种表情符号。它其实是一个复合造词,是情绪"emotion"和符号"icon"的组合。

Danesi 把表情符号定义为一种以计算机为媒介的交流形式:一串键盘字符,从侧面看,或从其他方向观看,可以看出表达特定情绪。表情符号通常用于电子邮件或附在文本之后。常见的表情符号包括笑脸":-)"或":)"、眨眼";-)"和打哈欠":-O"等。

网络表情符号从编码结构上可以分为最初的横式(美式)和目前较为常用的立式

（颜文字）两种风格。美式的横式表情符号要顺时针旋转 90°才能看到。1986 年,日本人改变了表情符号,阅读时不用再侧倾着头,这就是颜文字(kaomoji)。颜文字的角度是正对着用户的,更符合人们正面观看的习惯,因此与美式的表情符号相比更加清晰明了。例如:":-)"(美式/横式微笑);"^_^"(颜文字/立式微笑)。表情符号的编码常常使用标点符号、特殊符号、制表符等 ASCII 码键盘符号。随着表达需要不断提高,近年来表情符号具有了更丰富的表现力,出现了除了面部以外的多种身体姿态,如"(╯´□`)╯︵┻━┻"(掀翻桌子)。此外,我国网民也创造出了由汉字编码的表情符号。例如,在中文社交网络中流行的"囧"字就是一个典型表情符号。"囧"字本是一个古汉语中意为明亮、光明的字,早已消失在现代汉语中,然而由于它的字形模仿了面部八字眉和大嘴巴,像极了人们尴尬、无奈的表情,因此,其在 2008 年又被赋予了新的生命,活跃在各大社交网络,甚至被誉为"21 世纪中国最风行的汉字"。

(二) 图形类表情符号

字符式的表情符号节约流量,运行速度快,对现实设备要求不高,因此在网络社交平台流行广泛,但是由于输入较为烦琐,且对使用者的想象力有较高的要求,因此能熟练使用的人并不多。这就催生了新一代表情符号——emoji。emoji 源于日语"绘文字"。1997 年,日本一家名为 NTT 的电信公司,找到了一位叫栗田穰崇(后来被称为"emoji 之父")的艺术家,专门设计表情符号,总共 176 幅小图像。它一开始非常粗糙,只有 12×12 像素,但依然代表了一个趋势:从颜文字到绘文字——由抽象的符号到更加具象的图像。然而,图像化的网络表情使用之初,各大运营商为了相互竞争都使用自己的 emoji 标准,这导致了不同运营商的手机无法正常显示对方手机发出的 emoji,会出现乱码或空白。2007 年,谷歌向维护不同平台和语言符号文字标准化的统一码联盟(Unicode Consortium)发起提议,希望统一码联盟能出面标准化 emoji。很快,其他公司如苹果也支持了该提议。2010 年,统一码联盟接受了提议,正式把 emoji 纳入了自己的标准之中。2011 年,苹果正式在 iOS 5 中加入了 emoji。2013 年,谷歌的安卓也加入了 emoji,这标志着 emoji 的全面扩张,这种"小黄脸"表情符号开始席卷全球。目前 emoji 已被大多数现代计算机系统兼容的 Unicode 编码采用。2015 年,牛津词典官方发布了年度词汇的评选结果,令人惊讶的是年度词汇大奖竟然是一个"😂"的表情符号,牛津词典官方解释为"喜极而泣"(face with tears of joy)。随着 emoji 表情的广泛使用,更是出现了专门的 emoji 搜索引擎(emojipedia),通过它人们可以了解各个表情图标的编码、含义、演变等信息,每年的 7 月 17 日也被赋予了新的含义——世界表情符号日(World Emoji Day)。

在 emoji 表情日渐风靡的当下,各国的网友也在不断进行着脑洞大开的创新。比如在我国,每当有重大事故发生后,人们就会使用双手合十的 emoji 表情符号"🙏"表示"祈祷"。然而,这个 emoji 表情符号的官方解释为"high five"(击掌庆贺)。为此,网民还在新浪微博展开了激烈的争论。还有很多表情符号也出现了新的含义，例如微笑表情，最初是用来表达愉悦或者开心，用来表现自己的友好形象，然而现在是一种不想理会、对对方不屑一顾的嘲讽，从而发出一声假笑"呵呵"。除了这种另类的解读，中国网民创造性地用表情符号来造句，例如："😊 🌊 ☁️ 🌞 🌕 🌑 🚶 🏊 😭 ☺️ 🍐 👪"（月有阴晴圆缺，人有悲欢离合）。尽管有些另类难懂，但这尽显人们对 emoji 表情的热衷。

（三）表情包

如果说前两种表情符号是产生于计算机辅助交流（computer-mediated communication，CMC）的平台，那么第三代表情符号——表情包则是基于移动通信、智能手机的产物。"表情包"顾名思义是一系列表情的集合。从内容上来看，表情包可以分为两种：一种是表情贴纸包（sticker），另一种是具有文化传播功能的表情包（meme）。

de Seta 将表情贴纸包定义为"一种图像，通常比表情符号大，以主题集合的方式提供给即时通信应用程序用户。通常以标签和个性化集合的形式组织起来"。表情贴纸可以综合各种元素，如环境描述、面部/身体和插图。与表情符号相比，表情贴纸更具表现力，它们可以是文本、图片或两者的组合，可以是静态图像，也可以是动画。表情贴纸常常内嵌在网络社交工具中，如 Facebook、微信等，用户可以下载不同主题的表情贴纸，甚至通过一系列简单的步骤创建自己的贴纸：上传图片或捕捉实时照片，然后添加个性化元素，如文本描述，从而获得独一无二的个性化表情贴纸。表情贴纸一般以动画的形式呈现，在视觉传达上更加具象、直观。在社交平台上流行的一只可爱的穿着白色小短裤的红色小狐狸"🦊"就是清华大学学生徐瀚创作的一套名为阿狸的形象，腾讯官方数据显示，在社交网络平台中，阿狸魔法表情包的播放量达到了上亿次，使用人群达到上千万。表情贴纸是我们聊天、做手账、做视频时加入的视觉辅助工具，文化特异性较小，因此通用性较强。

meme 表情包不同于 sticker，它包含着很多文化因素，容易引起人们的共鸣。meme 这个概念始于 1976 年，英国牛津大学动物学家 Richard Dawkins 在探讨基因自我复制以及相互竞争促进生物进化的基础上，撰写了《自私的基因》（*The Selfish Gene*）一书，首次提出文化进化的单位 meme。meme 源于希腊语 *mimeme*，意思是"被模仿的东西"，它是由 gene（基因）一词仿造而来的，国内学者将它译作"模因"，"模"意为"模仿"，"因"即"基因"，充分体现了它的内涵——被模仿的基因。模因是一种与基因相似的现象。基因由上一代遗传给下一代，是代与代之间的纵向传递；模因则一方面以纵向的方式进行代际传递，另一方面也以横向的方式进行传递。模因常常被描述为思维病毒，它可以感染其他人的大脑或者传入其他人的大脑中，从一个宿主过渡到另一个宿主。在现实世界里，模因的表现型可以是词语、音乐、数学定理、政治口号、图像、服饰，甚至是手势或面部表情。总而言之，任何一个信息，只要它能够通过广义上成为"模仿"的过程而被"复制"，就可以被称为模因。

从模因学的维度来剖析 meme 表情包的形成、复制和传播的过程，可以将其概括为：社会中某一现象或事件作用于某个体，个体借某个符号在网络中表达自己对该事件的称呼、看法；该模因在网络这个交流平台中被个体接触、感知和接受，通过一定保留和突变，模仿复制出另一个模因变体，成为一个 meme 表情包在网络内被仿制传播，从而作用于社交网络。因此，每当有一个热点社会事件出现，必有一套与之相呼应的表情包产生，网络表情符号发展到 meme 表情阶段已经不再是传达某种情绪这样单一的作用，而是具备了传递信息、在网络的虚拟空间展开多元叙事的作用。

从形式上来看，meme 表情包主要以图像或者视频配以简单的文字为主，可以分为涂鸦表情包和影视剧视频表情包。由于涂鸦是一种大众艺术，是一种比卡通角色创作更加开放的表达方式，任何不具备漫画功底、美术经验的网民都可以参与涂鸦游戏，涂鸦者所用的工具也是最简单的鼠标或涂鸦笔，因此这些漫画的线条简单，甚至让人觉得非常粗陋，但因为视觉效果清晰、内容"接地气"反而获得了网友的广泛认同。与此同时，这种以图像为主的开放式漫画允许普通人参与制作，普通人只需要输入网络流行语或想要表达的文字，或者简单地涂改人物的表情即可完成表情包的创作。随着新媒介技术的发展以及各种数码应用工具、程序越来越方便的使用，人们甚至可以随手拍下一张照片随即添加涂鸦，从而制作出极具个性的表情包。人们在社交网络中常用的"金馆长熊猫"表情包就属于这一类。

影视剧视频表情包也是网民们热衷的网络表达方式。通过截取简短的视频片段或剧照截图，另外搭配反映自己情绪的文字或当下网络的流行语，一个 meme 表情包就诞生了。截取视频片段或剧照是需要遵循一定规则的，并非随意为之。第一，截取的片段一般来自大众耳熟能详的影视作品；第二，截取的人物角色面部表情要夸张、有趣。通常人们在观看影视作品需要暂停时，可能就会遇到角色恰好卡在一个特定的表情，常常是扭曲的，令人忍俊不禁。这样的截图便是最好的表情包创作材料，人们可以在此基础上进行新的叙事加工，如活跃在各大社交应用平台的"奥特曼表情包"。

综观表情符号的发展与演变，我们可以看出：在不到 40 年的时间里，表情符号经历了从 ASCII 码键盘符号到 Unicode emoji 表情，进而快速发展到了今天可以无限生成的 meme 表情包，从简单描摹面部表情到完整叙事、从静态到动态、从抽象到具象的演变，为网络社交注入了新的元素，为人们在网络的情绪表达提供了越来越丰富的路径。

二、网络表情符号的相关研究

综观现有对于网络表情符号的研究，大体上聚焦于三个问题：

（1）人们为什么会使用表情符号？

（2）人们是如何使用表情符号的？

（3）使用表情符号会给人们的生活带来怎样的影响？

对于第一个问题，首先表情符号可以帮助我们在虚拟世界交流时表达情绪。Derks等的研究显示：人们已经找到了克服网络交流情绪传达受限的方法，那就是使用表情符号或更加直接地把情绪说出来。人们在网上交流与面对面交流时一样情绪丰富，网络并不是人们担忧的那样没有人情味，网络交流中积极情绪的表达程度与面对面互动时相同，而负面情绪的表达程度甚至高于面对面交流。此外，Zhou 等使用访谈的方法与30 名被试探讨了他们在网上交流时使用 emoji 表情符号和 meme 表情包的动机。研究发现，人们使用表情符号的主要原因是表情符号能够彰显个性，更具有表现力、更加幽默。一位受访者指出："当你不想说话时，发一个表情包也很有趣。"Chen 和 Siu 调查了347 位中国年轻人并总结出准确性、社交性、效率高和有乐趣是他们使用表情符号的 4个主要动机。马中红等对青少年群体做的网络流行文化调查结果显示：青少年使用网络表情的主要动机是"表达情绪，比打字方便，比使用文字有趣，与朋友保持更亲密的关系，表达一些平时不敢说和不敢做的事，彰显自己的个性"。

人们又是如何使用表情符号的呢？ 总体来说，表情符号的使用是一种相当个性化的选择，会受到不同交流目的和社会背景的影响。

首先，人们往往只会选择那些他们容易理解的表情符号。Cao 和 Ye 对中文论坛中使用表情符号的现象进行了研究，结果表明：表情符号使用的频率与其解码难易程度相关，越容易理解的表情符号使用频率就越高，这可能与人们节省注意力的心理动机有关。其次，表情符号的使用还存在着性别的差异。Tossell 等发现女性倾向于使用更多的表情符号，但男性使用表情符号的种类更加广泛。有趣的是，Wolf 的研究显示，当男性从单一性别群体进入混合性别群体后，他们通常一改往常不轻易表达情感的做法，转而与女性相似，使用更多的情感表达。除了性别差异，表情符号、表情包的使用还存在着不同年龄群体的差异。Krohn 研究发现："80 后""90 后"和"00 后"是网络表情使用的主力军，他们可以随意地自由使用网络表情；"60 后"和"70 后"使用网络表情相对比较保守，使用的种类和频率有限。此外，不同年龄群体使用的表情符号和表情包外观上也存在着巨大的差别。与年轻人热衷使用的以嘲讽逗趣为主要内容的表情包不同，中老年表情包大体上图案形式方正、整齐划一、字体偏大、色彩艳丽夸张——以大红大绿为主，内容多为风景静物或玫瑰花、婴孩、举杯等营造幸福美好、喜庆热闹之感的表情包图片。此类表情包近似于早期 QQ 聊天平台的动图表情，动态的幅度小、频次高，主体彰显闪闪发光的效果，或字体的整体风格类似 Word 艺术字的造型，红、绿、蓝等基本颜色直接搭配，文字内容多以高色彩饱和度的"谢谢""早上好""祝你幸福"等简单直白的纯取代文字表达的祝福词为主，让人一眼便可分辨。

从社交背景和语境层面来看，不同的社交情境会对表情符号的使用产生影响。

Derks 等研究发现：在以情感交流为目的的社交情景中，人们会更多地使用表情符号；而在以完成任务为目标的工作环境中，人们则很少使用表情符号。Ahn 等通过模拟手机短信界面，观察被试表情包使用的情况后发现：人们更倾向于在积极情绪效价的句子后面使用表情符号，而中性和消极效价的句子则使用不多。Braumann 等对 112 名大学生进行了网上商谈研究。被试需要按照任务设定两两一组决定周末的活动内容，同时有 6 个表情符号可供他们选择。实验结果显示：当双方进行同步交流时（类似于面对面地聊天），人们使用的消极效价的表情符号要多于积极效价的表情符号；而当双方无法进行同步交流，无法及时得到反馈时（类似于发邮件），人们则更多地使用积极效价的表情符号。在同步交流时，人们使用表情符号主要是为了削弱消极的感觉；而在非同步交流的环境中，表情符号则主要为了用来表示说话人的积极正向感觉。

使用表情符号会给我们带来怎样的影响呢？使用表情符号会让我们看起来更亲切、更受欢迎吗？

答案是肯定的。研究显示使用表情符号会影响人们交流时对彼此的看法。在网络交流中，当我们增加表情符号的使用时，会让对方感到彼此之间更加亲密。使用微笑的 emoji 表情可以展现我们更加积极的一面，使我们看起来更友好、更诚恳；相反，使用负向效价的表情会使我们显得消极，因此多使用积极的表情，减少或避免使用消极的表情可以帮助我们在网络社交中建立积极的个人形象。Utz 研究了在虚拟世界里友谊的建立过程后发现，人们使用表情符号（特别是笑脸）的频率越高，在虚拟世界里与他人建立的友谊也越深厚。虽然网络表情的使用会对网络交际产生积极影响，但是滥用表情符号也会对交际产生阻碍。过度使用网络表情符号会给人带来一种不真诚、隐藏自己的内心、敷衍的感觉。

除了对网络交际时情感的传达产生影响外，表情符号、表情包的使用还能够帮助交际双方更好地理解对方。当表达一些强烈的情绪（如愤怒）时，表情符号的使用可以减轻文字表达带来的情绪。表情符号可以帮助我们更好地理解说话人的真实表达意图。比如当我们听到别人说"这真是个好主意啊！"这句话时，它可以理解为一句真诚赞美的话，也可以理解为一句挖苦和讽刺的话。当我们面对面交流时，我们可以通过对方的语气来判断他的真实意图，然而在网络的虚拟世界里，单单凭借文字我们很难判断对方的言外之意，这就给双方的理解带来了模糊性和潜在的危害。Thompson 和 Filik 的研究显示，在文字交流中添加表情符号可以澄清对方的真实意图，吐舌、眨眼等调皮的表情常被用在表示讽刺意图的文字之后，以便于接收者正确理解弦外之音。老年用户在网上交际时不易解读出其中的讽刺意味，在使用 emoji 表情的辅助之后，老年用户可以与年轻用户一样正确理解讽刺含义。如果文字传达的情绪和表情符号传递的情绪效价不一致，会产生怎样的结果呢？在这种情况下人们又是如何理解对方意图的呢？Derks 等研究发现当一句表达积极情绪的句子后面附加了一个与之相反的消极情绪表情符号，或消极情绪的句子搭配了积极情绪的表情符号时，人们依然按照文字的情绪来理解信息,也就是说,表情符号的情绪作用无法取代文字表达,它只起到了补充的作用。

此外,随着表情包生成软件使用的越来越便捷,普通人也可以参与到表情包的生产和消费中来。当来自不同背景的人在社交网络中进行着创造和交流时,他们会产生一种认同感,从而增强群体的归属感。Robertson 等的研究显示:肤色较深的表情符号有助于少数族裔增强在社交媒体中的参与感。在一项对某游戏社区人群的研究中,Pena 和 Hancock 发现:与那些游戏新手相比,经验更加丰富的游戏玩家在网络交流时会使用更多的表情包和网络流行语,这些表情包和网络用语的使用是建立在这一游戏社区内玩家共同理解和认可的基础上的,不属于这一群体的玩家或者新玩家则无法掌握这些规则。在通常情况下,现实身份不会被带入网络社交,人们会本能地忽略年龄、种族、性别和职业等现实因素,仅仅凭借着共同的兴趣爱好便可在网络社交中结成群体,这一群体通过展现某个特殊性来体现自己的身份认同——既可能是要表达和他们所属的群体相一致的清楚的身份,同时也可能是向这个群体之外的人显示自己的身份;这种身份感的确立在表情包的使用过程中有着明显的体现。作为一种集体参与创作的、狂欢式的网络产物,表情包在诞生初期确实隐含非主流对主流、大众对精英、戏谑对严肃的对抗意味,使用者如果没有以"反抗者"自居,至少也会认为自己是新潮的,是不同于那些不使用表情包的人的。

三、社会认知神经科学视角下网络表情符号的研究

认知神经科学研究者们希望通过神经成像来揭示表情符号的本质,他们关心的主要问题有:大脑在处理网络表情符号时的模式是怎样的?既然表情符号是对面部表情的模拟,那么大脑在处理两种不同刺激时是否有着共同的模式?网络表情符号表达的情绪是如何被大脑处理的?是与带有情绪的文字相似,还是与语调等非语言手段传达的情绪相类似?

(一)面孔识别

2006 年,Yuasa 等日本研究者设计了一系列实验,借助功能磁共振成像来探讨这些问题。他们使用了日本的颜文字——前文提到的立式表情符号作为刺激,因为立式的颜文字与横式的 emoticon 相比更接近人们的面部表情。如"(ˆ○ˆ)"分别对应着眼睛和嘴巴。

在实验一中,使用了真实的面部情绪照片与混乱图像做对比(图 2.2)。

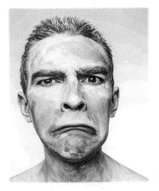

(a) 面部照片

(b) 混乱图像

图 2.2　实验刺激

实验二中使用了 emoticon 与混乱的字符做对比。例如：

表情符号：(ˆ∀ˆ)　（∩_∩）　▼ω▼

混乱符号：∗&ˆ　$%ˆ　♯@$

实验三中使用含有 emoticon 的语句与纯文字的句子做对比。例如：

I enjoyed singing the song.（ˆ◯ˆ）

I enjoyed singing the song.

在前两个实验中，被试需要按照所呈现的图片来判断其情绪效价，是高兴还是伤心；在第三个实验中，被试仅需判断该句子是否有表情符号出现即可。7 个被试在功能磁共振中完成以上任务。分析他们的脑部活动成像后发现：在实验一中，当观看人脸照片时，大脑激活区域有右梭状回、右额下回、右额中回、右下顶叶；在实验二中，当观看表情符号时，大脑激活区域有右额下回、右额中回、右下顶叶；在实验三中，当观看含有表情符号的句子时，大脑激活区域有右额下回、右额中回。对比实验一和实验二的结果，我们可以发现一个有趣的现象：尽管表情符号是对面部表情的模拟，但是大脑处理起来似乎模式不尽相同。处理人脸表情照片时右梭状回被激活，而处理表情符号时，右梭状回没有被激活；而右梭状回在前人的研究中普遍被认为是与面部感知和识别息息相关的。

此外,那些因脑部损伤、患有面部识别障碍的脸盲症患者的病理检查也显示右梭状回、右舌回功能异常。因此,可以判断当人们看到表情符号并从中得出其情绪效价时,并没有把它当作人的面部去感知。此外,实验三和前两个实验的激活模式也不尽相同,这可能与工作记忆有关,人们需要先记住前面出现的句子再来处理后面的表情符号。

这一实验通过梭状回的激活回答了表情符号与面部表情处理的差异,提示我们表情符号的感知并未触及面部识别,我们并没有把抽象的符号当作面部来处理。

由于简单表情符号比较抽象,还不足以启动我们面部识别的脑区,那么大脑对于像emoji表情符号这样面部信息稍多的图形表情符号会不会有不同的处理模式呢?

Yuasa等改进了刺激材料和范式,使用类似于emoji的图形类表情符号来取代抽象的表情符号。实验采用区块(block)设计,任务区块和静息区块交替出现,在任务区中,被试需要在功能磁共振环境中完成情绪判断任务。图形类表情符号和作为控制条件的混乱图像会相继出现,被试在看到表达伤心的情绪表情符号后按下按钮,他们的脑部功能活动会被记录。11位被试参加了实验,但是由于测量误差等原因,最后纳入数据分析的仅有9人。研究结果显示,当观察图形类表情符号时,被试大脑中的右梭状回、右额下回、右侧颞中/下回都被激活了(表2.4和图2.3)。

表2.4 不同刺激下的大脑显著激活部位列表

刺 激	右梭状回	右额下回	右侧颞中/下回
面部照片	√	√	
简单表情符号		√	
图形类表情符号	√	√	√

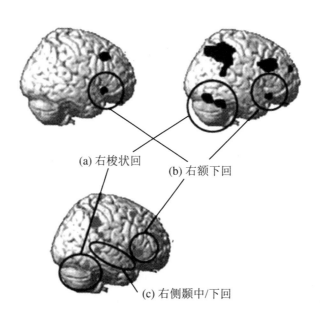

(a) 右梭状回　　(b) 右额下回

(c) 右侧颞中/下回

图2.3 不同刺激下的大脑激活示意图

我们关心的面部识别区域右梭状回在图形类表情符号的刺激下出现了显著的激活。这就说明,尽管图像类表情符号并不是真正的面部描摹,仍然是抽象的,但是与表情符号相比,它拥有了更多的面部特征,人们可以轻松地区分眼部、鼻部和嘴部动作。因此这些面部信息足以将面部识别区域激活。此外,右侧颞中/下回的激活是在先前面部照片和简单表情符号为刺激的实验中未发现激活的脑区。这一脑区根据先前的研究被认为与感知复杂的生命体运动有关,而简单的运动则无响应。Chao等的研究发现面部表情以及其他一些基本的生物运动,尽管以静态形式呈现,仍能激起人们对其运动模式的记忆,从而激活颞回。在本实验中,尽管图形类表情符号以静态图片的形式呈现给被试,但是右侧颞中/下回的激活说明被试感受到了其中所传达的夸张的表情动作。此外,三种不同的刺激均激活了右额下回,额下回在前人的研究中被认为拥有识别情绪的功能。Kawashima使用表情和声音作为刺激来研究情绪的辨认,结果发现表情和声音两者均成功激活了右额下回。在病理研究中,右额下回损伤的病人无法正确理解他人的表情,因此该脑区也被认为是区分面部表情和理解面部表情的关键脑区。

至此,表情符号在大脑中的表征也就明晰了,虽然目前并没有视频截图类meme表情包作为实验刺激,但是根据抽象程度不同的简单表情符号和更加具象的图形类表情符号激活模式的差异来看(简单表情符号没有激活面部识别脑区右梭状回),我们有理由推断,随着具象程度越来越高,包含的面部信息越来越多,表情包会被我们的大脑当作一种面部表情信号,从而解读和理解情绪。此外,静态图片类的表情包和动图、视频类的表情包一样可以成功激活右侧颞回,让人感觉到生动而饱满的情绪。

（二）非语言信息处理

认知神经研究者们关心的另一个问题就是大脑在处理表情包时,是把它当成一种语言还是非语言信息呢?

处理语言时,有两大相关脑区:布罗卡区(Broca's area)和韦尼克区(Wernicke's area)。这两个区域的名字分别是以他们的发现者命名的。19世纪,Broca医生治疗了一位腿部感染的病人。这位病人20多年前就失去了语言能力,已经住院治疗很多年。病人在来到Broca的诊所时,右臂已经丧失运动功能10年。他叫Leborgne,但其他病人叫他"Tan",因为除了无意义词"Tan"和偶尔的脏话外,他已经很多年几乎什么也不能讲了。Leborgne在转到Broca的诊所几天后去世。通过实体解剖,Broca观察到病人的左侧额下回后部有损伤,通过研究其他一些脑损伤伴有语言缺陷的病人后,Broca确定了这个与言语产出(口语表达)相关的脑区,被称为布罗卡区。另一位医生Wernicke描述了两位在患脑卒中后口语理解困难的病人。这两位病人说话流利,但说出的都是无意义的声音、词和句子,而且他们在理解话语时有严重困难。Wernicke后来对其中一个病人的大脑进行了尸检并在颞上回后部发现了损伤,这个区域被称为韦尼克区。可以简单地把布罗卡区认为与言语的产出（口语表达）相关，韦尼克区认为与语言的理解相关，然而语言的理解与产出是一个复杂的过程，需要各个脑区的协同工作。

David等通过PET技术发现了布罗卡区对句法信息加工的重要证据。当被试阅读句法结构复杂性不同的句子时，更复杂的句法结构导致布罗卡区激活增加。Sakai通过主语、动词和代词等的排序任务找到了更加精确的句法加工区域——从左侧额下回到左外侧运动前区皮层。Homae等发现了文字和语音信息的表征与理解区域——左侧额下回的腹侧部分（图2.4）。

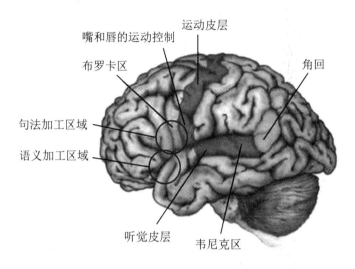

图2.4　与语言相关脑区示意图

在非语言刺激方面，Kawashima等请被试在一段演讲中区分不同效价的情绪，如快乐、悲伤等。结果显示在情绪判断任务中右侧额下回出现了明显的激活。Nakamura等在一个面部情绪识别的任务中也得到了相同的结果。

为了验证大脑在处理表情包时的模式，Yuasa设计了这样的实验：实验刺激分为单纯由文字构成的句子和添加了表情符号的句子，在含有表情符号的句子中，句子包含的情绪与表情传达的情绪有的相一致，也有的相矛盾。实验采取区块（block）设计，任务（task）区块与休息（rest）区块交替出现，任务区块会呈现含有表情符号的句子，休息区块会呈现单纯由文字构成的句子。12名被试在功能磁共振中完成情绪判断任务，当看到句子与表情符号表达的情绪一致时，或者看到单纯由文字构成的句子时按键，当句子与表情符号表达的情绪不一致时不按键。这样的实验设计可以让我们了解大脑对表情符号的处理模式。实验结果显示：处理表情符号时，左额下回腹侧部分、右额下回、左额下回至左外侧运动前区皮层、前扣带回均出现了显著的激活（表2.5）。

表 2.5　实验中大脑显著被激活部位列表及其功能

脑　　　　区	主　要　功　能	激 活 情 况
右额下回	情绪判断	√
左额下回至左外侧运动前区皮层	文本理解（布罗卡区）	√
左额下回腹侧	句法判断（布罗卡区）	√
左侧颞上回	韦尼克区	
前扣带回	模糊面部表情识别	√
后扣带回	情绪词语理解	

根据前文所述的研究,右额下回在演讲中韵律和面部表情等非语言信息的情绪判断任务中被激活,在本实验中判断表情符号的情绪效价也出现了激活,这就说明表情符号对大脑来说如同声音、表情等非语言信号,使用了相同的处理机制。另一个研究者感兴趣的脑区——后扣带回在本实验中并没有被显著地激活。后扣带回的激活在前人的研究中被认为对应"快乐""悲伤"等情绪词语,这就从另一个侧面说明表情符号不同于情绪词,是一种非语言的信息。此外,当句子后面附加了表情符号后,与单纯的文本刺激相比,属于布罗卡区的左额下回到外侧运动前区皮层以及左额下回腹侧部分激活明显增强,根据前文所引研究,该脑区的激活与句法分析和语义理解有关,这就说明表情符号增加了大脑对文字解码的负荷,再次显示了表情符号作为非语言信号表达情绪、传达交际真实目的的作用。

除了用立式的颜文字和图形类表情符号作为刺激外,Kim 使用立式和横式混合的两种表情符号以及混乱符号作为刺激进行了研究。18 名被试需要在功能磁共振扫描中完成表情符号和乱码两种刺激的情绪判断（积极情绪或消极情绪）。研究者采取了感兴趣区（region of interest,ROI）分析,根据前人的研究结果选取了梭状回面部识别区（fusiform face area,FFA）、枕骨面孔区（occipital face area,OFA）以及颞上沟（superior temporal sulcus,STS）为分析区域。FFA 被认为与面部的轮廓识别有关,OFA 与面部组成部分特征识别有关,STS 与面部的改变和动作有关,如进行注视、做出面部表情等。此外,作为情绪处理的脑区,杏仁核和脑岛在先前的研究中显示出对不同情绪的特异性激活,例如,高兴、恐惧和悲伤会激活杏仁核,而生气和厌恶会激活脑岛。与前人的研究结果一致,表情符号成功地激活了 FFA 和 OFA,说明大脑是把表情符号当作面部表情来处理的。STS 脑区并没有出现显著的激活,这可能与表情符号是静止的特质有关。对于不同的情绪来说,处理悲伤情绪的表情符号与其他情绪的表情符号时,大脑显示出了多个脑区的显著激活减弱。与观察乱码负面情绪相比,悲伤情绪的表情符号会使背侧前扣带回（dorsal anterior cingulated cortex,dACC）、前脑岛皮质（anterior insula cortex,

AIC)、楔前叶(precuneus)以及枕极(occipital pole)等脑区显示出激活减弱(图2.5(a));与观察表示愉快情绪的表情符号相比,悲伤情绪的表情符号使背侧前扣带回、左侧前脑岛和左侧中央前回(precentral gyrus)表现出了激活减弱(图2.5(b));而与愤怒或恐惧的表情符号相比,悲伤的表情符号会使双侧丘脑(thalamus)呈现出激活减弱(图2.5(c))。

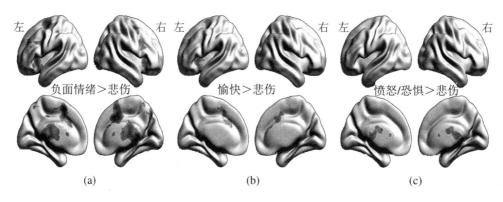

图2.5 不同情绪的表情符号诱发的脑部激活图

有趣的是,在这一实验中杏仁核并没有出现显著的激活,杏仁核对于多种刺激如面部、文字、场面以及身体表现会出现情绪反应,然而在面对表情符号时"无动于衷",这也许可以说明表情符号的情绪处理可能不是基于边缘系统的通路。

社交媒体的兴起、网络传输技术的发展催生了网络表情符号的广泛使用,表情符号经历了由键盘符号组成的简单符号到图形表情符号(emoji)再到表情贴纸(sticker)及具有文化传播功能的表情包(meme)的不同发展阶段。

表情符号在网络社交中成为不可缺少的表达方式,甚至出现了"无表情不聊天"的表情包依赖。人们使用表情包的目的多种多样,其中最重要的一点就是表达情绪;此外,避免误解、明确话语含义、娱乐性强也是人们在网络社交中选择表情包的理由。人们在使用表情包时往往会选择那些自己清晰理解其含义的表情包,与在工作情境中相比,表情包更多的是用在较为轻松的社交情境中。人们往往会在同步交流时选择负向情绪的表情包,在非即时交流中更倾向于使用正向情绪的表情包。此外,女性更爱使用表情包,而男性使用的表情包涉及的内容更为广泛。不同年龄的使用者在表情包的使用倾向上也出现了明显的差别,"80后""90后"和"00后"是网络表情包使用的主力军,他们热衷于使用以嘲讽逗趣为主要内容的表情包,而中老年群体使用的表情包则图案整齐划一、色彩艳丽夸张、以简单直白的祝福词为主。在网络社交中更多地使用表情符号、表情包会使人感到彼此更加亲密,发送表情也会帮助人们在网上建立起一个随和、容易亲近的积极形象。使用表情符号、表情包可以减弱负向情绪,同时增强正向情绪。表情符号、表情包的使用还能帮助人们建立起群体的归属感和自我认同感。然而,附加在文字后面的表情符号并不能改变文字的情绪效价,所以当我们要发表含有极端情绪的文字时可能要三思而后行,因为表情包也无法挽救。此外,过度使用表情符号、表情包会令我们看上去不够真诚，似乎对当下的交流心不在焉。

从社会认知神经科学的视角研究表情符号可以让我们了解大脑在处理网络表情符号时的模式，从而对表情符号的本质有更加清晰的认识（表2.6）。作为对面部表情的模拟，表情符号会启动大脑的面部识别区域梭状回，不但识别了面部的轮廓，还识别了五官等具体特征。在大脑里获得表征后，右侧额下回便会对表情符号进行情绪解读，这种解读与声音和面部表情等非语言刺激相同，而与"快乐""悲伤"等情绪词语的处理不同。在文字中添加表情符号要比用单纯的文字表达更富情绪表达力，左额下回至左外侧运动前区皮层以及左额下回腹侧部分也会出现激活明显增强，说明大脑在文字的基础上结合表情符号做出了更准确的句法判断和理解，这也就解释了人们为什么会觉得使用表情符号能更清晰地表达真实交际目的。此外，尽管很多表情符号以静态图片的形式出现，但是在实验中与感知复杂的生命体运动有关的右侧颞中/下回的激活说明表情符号仍能激起人们对其运动模式的记忆，从而使我们感受到表情符号传达的夸张的表情动作。

表 2.6　社会认知神经科学研究中表情符号处理涉及的主要脑区及其功能

脑　　区	主　要　功　能
梭状回	面部识别
右额下回	情绪判断
左额下回至左外侧运动前区皮层	文本理解（布罗卡区）
左额下回腹侧	句法判断（布罗卡区）
右侧颞中/下回	生物运动
颞上沟	理解他人情绪
前扣带回	模糊面部表情识别
前脑岛	社会性情绪、共情

四、未来研究方向

从现有的实验研究来看，主要的实验刺激使用的是较为简单的表情符号或图形类表情符号，对我们日常交流中广泛使用的 meme 表情包却没有关注，在未来的研究中可以添加不同类型的表情符号和表情包作为刺激来研究其神经机制的异同。作为处理情绪的脑区杏仁核在实验中并没有出现激活的报告，是否提示我们表情符号的情绪没有通过边缘系统处理？杏仁核的无响应是否与表情符号的形式有关？如果使用图片或者视频类的 meme 表情包是否会产生不同的结果？目前的实验范式主要是完成一些情绪判断的任务，然而由于表情符号作为非语言刺激还传达了更多丰富的语用信息，在未来的实验范式中可以添加一些语义判断任务，从而让我们对表情符号、表情包产生更加深刻的理解，让我们能从神经机制方面解读表情包作为人际交往润滑剂的实质。

此外，在研究结果报告的脑区中我们发现前额叶、颞上沟等脑区都属于"心智理论"（theory of mind）涉及的脑区。心智理论是指我们感知和理解别人头脑里想法、欲念、情绪、感觉的能力，它的发展直接影响到人的沟通和社交能力。能否用心智理论来解释表情符号的作用，抽象的符号是如何使人产生情绪感染的都是未来值得研究的方向。

第三章　态度:社会世界的评价

态度是社会心理学研究领域的核心概念。在本章,我们将探讨态度形成的方式,态度和行为之间的关联,以及态度如何转变、如何测量等问题。探讨中我们会发现一些与我们习以为常的想法不大一致的现象,比如,某些时候我们的行为会形塑态度,而不是仅仅被态度形塑。

第一节　态度的形成与改变

社会心理学向来关注对态度的研究,寄希望于用态度这一内在的心理因素来预测、分析、解释人们外在的行为表现。1936 年,Gallup 的民意测验以不到 1% 的误差成功预测了罗斯福总统当选,更强化了态度研究在社会心理学中的核心地位。

虽然目前社会心理学家对态度概念的理解没有取得完全一致,但多数人同意态度包含了认知、情感、行为倾向三种成分。在此基础上,社会心理学家认为态度是一种倾向性的心理准备状态,是个体对其自身所处环境客体对象的主观评价与个体自我的反应。

态度的认知成分是指对态度对象所持有的知识、观点、概念,以及在此基础上形成的倾向性思维方式。情感成分是指对态度对象的体验,如喜爱或厌恶、热情或冷淡、敬重或轻视等。有研究表明,态度情感成分的强度最大。行为倾向成分指态度一经产生,必定对人们与态度对象有关的行为产生种种影响。

一、态度的形成

态度是如何产生的? 是与生俱来的,还是通过经验学习而来的? 一种有争议的答案是,我们至少有部分态度与基因有关。这项结论的证据来自同卵双胞胎之间比异卵双胞胎之间在态度上更为相似,即使该同卵双胞胎在不同的家庭中长大,并且互不相识。

就目前的研究来看,关于态度形成的观点涉及纯粹接触效应、社会学习作用等。社会心理学家的研究焦点主要是人们的经验是如何影响他们的态度形成的。

（一）纯粹接触效应

通过重复呈现一个刺激，个体会对这个刺激评价得更为赞许一些。纯粹根据接触所做出的预测与诸如"熟视无睹""喜新厌旧"这样的常识观点相反，它认为熟悉导致喜欢，缺席导致负性情感。但是这种类似"日久生情"的效果实现需要满足某些前提条件。一项社会心理学实验发现，对于我们第一眼看上去就讨厌的人，接触只会使我们更讨厌他。自 Zajonc 首次提出"纯粹接触效应"的概念以来，研究者已经针对不同被试采用不同实验操作程序进行了广泛的研究。

（二）社会学习作用

社会心理学家更多倾向于认为态度是学习而来的。人们不仅学习与不同态度对象有关的信息与事实，也学习与之相连接的情感和价值观。这样的学习可以分为以下三类：

1. 经典条件反射：建立在连接之上的学习

经典条件反射建立的原则是：如果一个刺激规律性地出现在另一个刺激之前，第一个刺激会变成第二个刺激的信号。

我们可以通过两个刺激之间的连接习得态度。例如，某一个被我们推崇或喜欢的名人在网上推销某种商品，于是这个商品和推销它的人发生了连接，使得我们可能会对这个从未使用过的商品产生好感，愿意掏钱购买。

2. 操作性条件反射：看法正确的奖赏

你或许听见过一个五六岁的孩子信誓旦旦地表示爱吃糖是坏孩子，因为牙齿会烂掉。这不像是一个小孩的自然判断，很可能是他曾因为这样表达对糖果的态度得到了父母的称赞或奖励。这使孩子学习到在他们认同的人中，什么样的看法会被认为是正确的，能够获得奖赏的态度会增强并较有可能被重复表达，而得到负面结果的态度则会被削弱或减少表达。

这种态度习得的方式属于操作性条件反射，父母和其他大人通过笑容、称赞、拥抱、物质等来奖赏孩子，说出正确的观点，也就是他们自己偏好的观点。这种方式在塑造下一代的观念上扮演重要角色。

3. 观察学习：通过榜样来学习

第三类态度形成的过程是通过观察和模仿。就算父母没想要直接传递特定的观点给孩子，也会产生效果。观察学习发生在一个人通过观察他人的行动学到新的行为或思考类型的时候。

二、外显态度和内隐态度

20 世纪 90 年代以前，人们一直将态度看作人对社会客体（包括人、事件和观点等）或支持或反对的单一心理倾向。到 20 世纪 90 年代中期，美国心理学家 Greenwald 和 Banaji 在分析大量研究文献的基础上提出了新的研究领域——内隐性社会认知（implicit social cognition），即过去经验的痕迹虽然不能被个体意识到或自我报告，但这种先前经验对个体当前的某些行为仍然会产生潜在影响。这一理论强调了无意识在社会认知中的作用，进而提出一种关于态度的新概念——内隐态度（implicit attitude），即过去经验和已有态度积淀下来的无意识痕迹潜在影响个体对社会客体对象的情感倾向、认知和行为反应。在此基础上，Wilson 和 Lindsey 等人提出双重态度模型理论，认为人们对于同一态度客体能同时存在两种不同的评价：一种是能被人们意识到、承认的外显的态度；另一种则是无意识、自动激活的内隐的态度。

（一）双重态度模型的基本观点

双重态度模型认为人们对同一态度客体能同时具有两种不同的评价：一种是自动化的、内隐的态度，另一种是外显的态度。从这一理论模型出发，Wilson 和 Lindsey 提出以下理论观点：

（1）相同态度客体的外显态度与内隐态度能共存于人的记忆中。

（2）出现双重态度时，内隐态度是被自动激活的，外显态度则需要较多的心理能量和动机从记忆中检索。当人们检索到外显态度，且它的强度能超越和压制内隐态度时，人们才会报告外显态度；当人们没有能力和动机去检索外显态度时，他们将只报告内隐态度。

（3）即使外显态度被人们从记忆中检索出来，内隐态度也还会影响人们那些无法有意识控制的行为反应（如一些非言语行为）和那些人们不试图去努力控制的行为反应。比如一名大学生被问及对同性恋的看法，他表示自己对持不同性取向的人一视同仁，无论其属于主流还是非主流。但是，一个之前和他关系密切的朋友向他坦承自己是同性恋之后，他可能会在不知不觉中回避或减少和这位朋友相处的机会。

（4）外显态度相对易于改变，内隐态度改变则较难，那些态度改变技术通常改变的只是人的外显态度，而非内隐态度。

（5）双重态度与人们的矛盾心理是有明显区别的，在面临一种有冲突的情景时，有双重态度的人通常报告的是一种更易获取的态度。

（二）内隐态度的测量方法

现在已发展出的测量内隐态度的技术中，比较广为人知的是内隐联想测验（implicit association test，IAT），由 Greenwald 在 1998 年首先提出。内隐联想测验是以反应时为指标，通过计算机化的分类任务来测量两类词——概念词（如花）与属性词（如美丽）之间的自动化连接紧密程度。其基本原理是概念词和属性词之间的关系与内隐态度的相容程度越高、连接越紧密，辨别归类加工的自动化程度就越高，反应时越短；而在不相容条件下，认知冲突越严重，反应时就会越长。基本过程是逐一呈现属性词，让被试尽快进行辨别归类（即归于某一概念词）并按键反应，反应时被自动记录下来，之后进行比较。

双重态度模型理论引发了人们对传统态度概念及其测量方式以及态度改变技术等方面研究结果的反思，也为社会心理学提供了一个新的研究方向。

如何使用 IAT 研究消费者对 Nike 和 adidas 两大服饰品牌的态度？

（1）通过问卷调查方式来了解消费者对两大品牌的态度，结论为消费者对两大品牌均比较喜欢，但 adidas 更具有优势。

（2）采用 IAT 来了解消费者的内隐态度。先选取能够分别代表 Nike 和 adidas 的目标刺激，这里以 Nike 和 adidas 各自发布的广告图片为代表，各 4 张，大小、形状等尽量一致。然后选取两级属性词：一类是愉快词"太阳、幸运、快乐、幸福、愉快、友好"等，另一类是不愉快词"疾病、死亡、事故、毒药、悲剧、呕吐"等。在计算机上进行测验：

① 先呈现目标刺激，即分别代表 Nike 和 adidas 的广告图片，让被试进行识别，并分别通过按键进行区分。

② 随机呈现属性词，让被试按照愉快和不愉快进行分类，并按键区分。

③ 将属性词和概念词进行分别联合呈现，即先将 Nike 和愉快词联合、adidas 和不愉快词联合后，随机呈现，让被试分别按键表示认同或不认同。再将 Nike 和不愉快词联合、adidas 和愉快词联合后再呈现。

（3）导出 IAT 记录数据，并进行相应的分析，结论为"消费者对 adidas 有极强的内隐偏好"。

三、态度的改变

（一）态度改变的理论

1. 平衡理论

平衡理论是社会心理学家 Fritz Heider 提出和完善的。Heider 认为，相互联系的事物组成了一个单元或者系统，通常用一个人、另一个人和一个态度对象来描述，平衡理论考虑的是个体所持有的情感和信念的一致性，因此有三个相关的评价：① 一个人对另一个人的评价；② 一个人对态度对象的评价；③ 另一个人对态度对象的评价。

我们以东东对他的老板和公司大小周工作制的态度为例：如果我们只考虑简单的积极和消极情感，这三个元素的结合是有限的。这些结合在图 3.1 中用图解表示，符号 P 代表东东（第一个人），O 代表老板（另一个人），X 代表大小周工作制（态度对象），加号意味着积极情感，减号意味着消极情感。图 3.1 上方是四种平衡的情况，在这些情况下元素之间的关系彼此一致：当东东喜欢他的老板，并且两个人都支持大小周工作制时，系统是平衡的；当东东喜欢他的老板，并且两个人都反对大小周工作制时，系统也是平衡的；如果东东不喜欢他的老板，且两个人对大小周工作制的看法也背道而驰，平衡依然存在。不一致是基于这样一个事实，即我们预期我们喜欢的人与我们有相似的态度，不喜欢的人和我们有不同的态度，而事实恰好相反。出现这种情况，当系统有奇数个消极关系时，表现为图 3.1 下方的情况，就失去了平衡。

平衡理论的研究普遍支持这些预测：人们确实会调整不平衡的系统，朝向平衡的系统改变。选择的方式是使必须进行的改变数量最少。人们喜欢平衡的系统，并且对平衡系统记忆得更好。但是当我们不喜欢另一个人时，与我们喜欢他相比，平衡压力似乎要弱一些，我们不是特别关心自己不喜欢的人与自己的看法是否一致。

2. 认知失调理论

Leon Festinger 提出了著名的认知失调理论（cognitive dissonance）。该理论假定当我们的态度与行为之间，或各种态度之间彼此不一致的时候，我们会感到紧张（失调）。Festinger 的研究表明，为了减少这种不愉快的感觉体验，我们经常会被刺激去做一些事情，以此来减少失调。早期研究显示人们常常通过以下三种路径来达到目的：

（1）我们可以改变态度或行为，好让它们彼此协调。

（2）经由获得支持我们态度和行为的新信息减轻失调。一个吸烟成瘾、戒而不断的人有可能对下面这条信息很感兴趣：某位有 30 年烟龄的老烟民，成功戒掉了香烟，却在一两个月后面临新的挑战——体重陡然增加了几十斤，由此引发了方方面面的困扰。

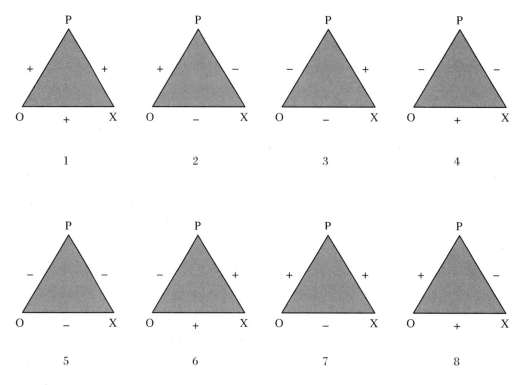

图 3.1 平衡理论示意图

（3）判断这个失调并不重要，进行琐碎化处理。

Festinger 的理论给我们提示了态度改变的内在推动力：当我们的行为已经发生，无法删除取消，而又找不到强有力的新信息时，我们可以调整改变的只有自己的态度。

Festinger 在实验中让被试从事一系列枯燥无味的工作，付给被试的报酬为 1 美元或 20 美元，最后询问被试是否喜欢这一工作。结果拿 1 美元报酬的被试比拿 20 美元报酬的被试更积极地评价了这项工作。对这种用传统学习理论解释不了的现象，Festinger 的解释是：仅拿 1 美元报酬的被试失调的程度要高于拿 20 美元报酬的被试，所以，他们改变态度的可能性就更大（图 3.2）。

（二）说服性沟通与态度改变

1. 耶鲁态度改变研究法

从 Carl Hovland 和他的同事开始，社会心理学家已经做过许多有关有效说服性沟通的研究。早期研究是在第二次世界大战期间，为配合参战需要，鼓舞美国士兵的士气，Hovland 和他的同事针对人们在何种情况下最有可能被说服性沟通影响，进行了许多实验，大体上他们研究了"谁对谁说了什么"：沟通的来源、沟通信息本身的呈现方式以及听众的特性。由于这些研究者来自耶鲁大学,这种说服性沟通的研究被称为耶鲁态度改变研究法。

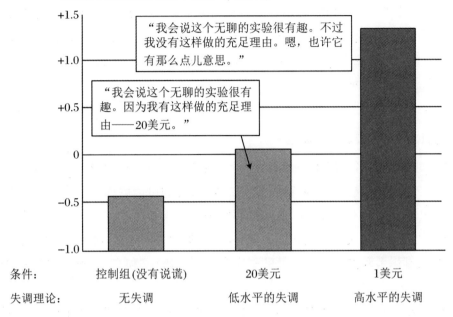

图 3.2　被迫屈从实验

耶鲁态度改变研究法
——谁对谁说了什么?

(1) 谁——沟通的来源

可信的演说者(如一些拥有明显专长的人)比缺乏可信度的演说者更具说服力;有吸引力的演说者(无论是外表上的还是个性特征上的)比没有吸引力的演说者更具说服力。

(2) 什么——沟通的性质

表面看起来不是用于说服目的的信息更具说服力。采取单面沟通(只呈现有利于你立场的观点)好,还是双面沟通(同时呈现支持和反对你立场的观点)更好? 一般而言,假如你确定能驳斥相反观点,那么双面沟通更有效。在持相反立场的人提出其观点之前还是之后提出自己的观点更好? 如果两种观点是紧接着提出的,最好先提,因为人们下定决心需要一段时间,在这种情况下可能存在首因效应,人们受最初听到的观点影响较大。但是如果不同论点提出之间有一段时间差,那么人们会在听到第二种观点后再下决心;如果是这样的情况,最好是最后提出你的观点,这里可能存在近因效应,人们对第二种观点的记忆更为深刻。

（3）对谁说——听众的性质

在沟通过程中分心的听众比未分心的听众更容易被说服。智商低的人通常比智商高的人更容易受到影响，中等自尊程度的人通常比自尊程度高或低的人更容易受影响。当人们处在18～25岁的年龄时，更容易受态度的影响；过了25岁，人们的态度会越来越稳定，难以改变。

2. 说服的中心路径和外周路径

一些态度研究学者提出了一个共同的问题：什么时候该强调沟通的中心因素，比如论据的强度？什么时候该强调周边因素，比如演讲者的可信度和吸引力？说服的精细可能性模型（elaboration likelihood model）详细阐述了这个问题。

该理论指出，当个人的动机和能力较强时，人们会对他们听到或看到的内容加以精细整理，会认真思考和推敲内容涉及的事实和逻辑。Petty 和 Cacioppo 称此为说服的中心路径。

反之，当动机和能力较弱时，人们不去关心这些事实，只注意信息的表面特征，比如信息量是否充足、花费时间长短、演讲者是否是专家或自身有无吸引力等。人们被这些表面特征影响说服时，Petty 和 Cacioppo 称此为说服的外周路径（表3.1）。

精细可能性模型与认知研究中的经典理论——双系统理论的思想相一致，即人类的思维和决策存在两种模式：依赖于直觉的系统，依赖于理性和认知努力的系统。

表 3.1　态度改变的外周路径和中心路径比较

路　线	路 线 特 点	态度改变过程的影响因素	态度改变的效果
外周路径	接收者依据外部线索而不是通过积极思考信息本身的内容	说服者特征（如可信性和吸引力），信息表面特征，说服的次数等	态度改变微弱而短暂，根据态度较难推测个体行为
中心路径	接收者对信息内容反应积极并进行认知加工	信息接收者的认知反应、逻辑判断，说服的质量	态度改变相对强烈、持久，可由态度推测个体行为

第二节　态度和行为

一、态度和行为的分离与一致

（一）LaPiere 的挑战

斯坦福大学心理学家 Richard LaPiere 曾进行一项著名的态度与行为关系研究，对态度可以预测行为的命题提出挑战，引发了众多后续研究。

从逻辑上讲，一个人对于某一态度对象的态度，将会影响其对待该对象的行为。告诉我你讨厌西红柿，那么我将会推测当你面对一份西红柿炒蛋时，你可能会拒绝食用，而且我的预测很可能是正确的。在心理科学发展的早期，有一个未经验证的假设，即不论是对蔬菜的偏爱还是对人的看法，一个人的态度和行为之间一般具有一致性。LaPiere 对这个假设提出了质疑。

LaPiere 的研究分两部分进行，第一部分着重探讨真实的行为，第二部分评估与其相关的假设性态度。

1930—1931 年，LaPiere 和他的中国朋友两次开车沿太平洋海岸线周游美国。旅游线路总长度约为 1.6 万千米。LaPiere 并没有告诉这对中国夫妇，他对他们每到一处所受到的接待都进行了详细的观察记录，他解释说如果他们知道了详细情况，会变得不自然，从而改变自己的行为，降低研究的效度。旅行期间他们共住过 67 家旅舍、汽车旅馆和旅行者之家，在 184 家饭店和咖啡馆用餐，LaPiere 一直对旅馆男接待员、开电梯的工作人员以及女服务员对中国夫妇的态度和行为进行准确而详细的记录。为了防止因自己的出现使这些人的反应有所改变，LaPiere 经常让中国夫妇出面接洽，自己则留在后面看管行李。LaPiere 对他与中国夫妇所受到的服务进行了等级评定，从表 3.2 中可见，LaPiere 的评估是除了极少的几个地方，其他地方的接待与他们预期的一样或更好，如果他单独出去，情况也不过如此。

表 3.2　LaPiere 对他们所受到的服务的等级评定

接 待 质 量	旅 馆	餐馆和咖啡馆
非常好,即比调查者预期自己单独去时受到的接待要好得多	25	72
好,但由于好奇有些异样	25	82
接待质量和通常预期的一样	11	24
可察觉到由于种族原因表现出的迟疑	4	5
明显存在不安,但只是暂时性的	1	1
不接待	1	0
总数	67	184

在研究的第二部分中,LaPiere 给所有他们到过的地方寄了一份问卷(问卷的问题是:你愿意在自己的旅馆或餐馆接待中国客人吗?),寄的时间与真实访问时间之间有 6 个月间隔,他对于这种间隔的说明是希望让中国夫妇访问的影响得以消退(表 3.3)。

表 3.3　有效问卷回收统计结果

回　　答	到过的旅馆	到过的餐馆	未到过的旅馆	未到过的餐馆
不愿意	43	75	30	76
不能确定	3	6	2	7
根据具体情况而定	0	0	0	0
愿意	1	0	0	1

LaPiere 的结论是:如果你想预测一个人在面对某一真实、特定情境或特定人物时将如何表现的话,让其对假设性情境进行口头回答(或态度问卷)是远远不够的。他主张只有通过研究真实社会情境中的人的行为才能可靠测量出一个人的社会态度。在其文章的结尾部分,他对其他研究人员提出一个警告:"问卷是简便、容易、机械性的。而对人类行为的研究则是一项耗时又费力的工作,其成功与否完全依赖于研究者的能力。问卷提供了定量的结果,后者则主要是定性的。对于一名研究者而言,对一项研究的核心做出敏锐的推测,比对一种很可能是无关的精确测量似乎更有价值。"

（二）Gallup 的民意测验

1936 年,美国人 Gallup 运用抽样调查的方法,成功预言了罗斯福总统当选。预测投票数与实际投票数相差不到 1%。这一成功预言向人们展示,如果使用正确的方法,确实了解了人们的真实态度,那么通过态度来预测行为是可行的。

在 1972 年、1976 年及 1980 年的美国总统大选期间,Gallup 的民意测验和其他主要新闻机构所做的民意测验结果也显示,在选举行为上,态度有高度预测行为的作用。

（三）Davidson 的一般态度和具体态度

Davidson 和 Jaccard 进行的一项研究揭示了在妇女节育方面从一般态度（如对节育的态度）到具体态度（如对此后两年内使用口服避孕药的态度）对行为的预测作用，结果显示，态度测量与行为测量匹配越紧密，相关程度越高（表 3.4）。

表 3.4　态度测量与两年内使用口服避孕药行为的相关关系

态　度　测　量	相　关　系　数
对节育的态度	0.083
对节育口服避孕药的态度	0.323
对使用口服避孕药的态度	0.525
对此后两年内使用口服避孕药的态度	0.572

二、影响态度和行为关系的因素

（一）态度强度

态度与行为存在高一致性的一个重要条件是，态度是强烈或清晰的。强烈的态度通常更稳定，并且涉及对个人而言非常重要的议题，这些态度通常通过直接经验形成，因而很容易被提取。

（二）态度的特定性与具体性

越是具体和特定的态度，越容易引发一致性行为；越是一般、笼统的态度，越难以被用来预测行为。LaPiere 的实验即一例，对某个国家某个民族的态度是一般性态度，难以用来预测对该国家该民族某一特定个体的行为。

（三）情境压力

当人们进行外显行为时，既受到自身态度的影响，又受到情境的引导或压力的影响。当情境压力大时，情境比态度更能决定行为，特别是持有的是弱的态度；反之，态度的影响就会较强。

（四）态度的情感与认知成分的一致性

当态度的认知成分和情感成分一致的时候，态度对行为的预测力会大大提高；当二者不一致时,态度和行为不一致的可能性也会增大。

（五）外显态度和内隐态度

外显态度和内隐态度对行为的预测具有差异性。在刻板印象、偏见相关领域、社会敏感以及意识难以控制的行为方面,内隐态度的预测力高于外显态度;在政治偏好、品牌选择行为方面,则相反。

三、计划行为理论

Ajzen 提出计划行为理论,解释态度是否能够预测行为,以及何时、如何预测行为。该理论认为,个体的行为不仅受行为意向的影响,还受到个体的执行能力、机会以及资源等综合背景的限制,只有在这些条件充分满足的情况下,行为意向才可以直接决定行为。行为意向随着态度的积极、重要他人的支持以及知觉行为控制的加强而加强。虽然个体拥有大量有关行为的意向,但只有在特定的时间和环境下才能被提取。该理论还认为,个体因素以及社会文化等环境通过信念间接影响行为态度、主观规范和知觉行为控制,最终影响行为。个体的态度和规范都不能单独地决定行为(图 3.3)。

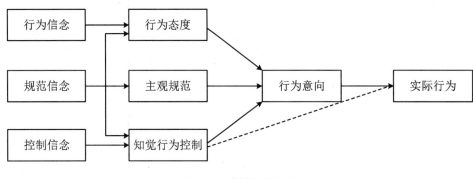

图 3.3　计划行为理论

计划行为理论涉及如下概念:

(1) 行为态度(behavioral attitude)是指个体对执行某一特定行为的积极或消极评价。

(2) 主观规范(subjective norm)是指个体对执行或不执行行为被施加的一般社会压力的感知,较多受到周围社会环境和他人因素的影响。

(3) 知觉行为控制(perceived behavioral control)是指判断一个人是否能执行处理预期情况的活动,涉及个体对执行该行为时所需能力、资源以及机会等内外因素的主观判断。

(4) 信念(belief)是认知、情感和意志的有机统一体,是人们在一定的认识基础上确立的对某种思想或事物坚定不移并身体力行的心理态度和精神状态。行为态度、主观规范和知觉行为控制由相应的信念决定,分别是行为信念、规范信念和控制信念。

(5) 行为意向(behavioral intention)也叫行为倾向,是指个体对行为对象的反应倾向,即行为的准备状态,准备对行为对象做出一定的反应。在计划行为理论中,行为意向成为连接行为态度、主观规范、知觉行为控制与行为的桥梁。该因素的存在是为了探索行为的动机因素,一个人对某一行为有多大动机去尝试,就会付出多大的努力去表现。

计划行为理论有一定的局限性:首先,计划行为理论的对象是个体的理性行为,不包括其在集体中的行为、情感驱使的行为和为集体做出决策的行为;其次,该理论只考察具体时间和语境下有具体目标的个体行为,而不泛指一切行为;再次,遵循一致性原则,模型的诸因素必须针对同一对象,并且属于同一层次水平;最后,该理论通常用于预测新行为,不包括稳定语境下的重复性行为和习惯性行为。

第三节　偏　　见

一、什么是偏见?

在社会心理学中,偏见可以被定义为对某一社会群体及其成员的一种不公正态度,它是一种预先就有的判断。如果一个人对某个社会群体产生偏见,就会倾向于用特殊的(通常是消极的)方式来评价其成员,而对该成员的具体情况和表现只给予很少的关注或根本不关注。

二、偏见产生的原因

(一)刻板印象

刻板印象是有关某一群体成员特征及其原因比较固定的信念或想法。人的认知局限性的表现之一就是刻板印象。刻板印象和偏见有着本质的区别,但又密切相关。刻板印象主要是认知,而偏见作为一种态度具有更复杂的结构,由认知、情感和行为倾向构成。

有研究者指出,刻板印象其实就是认知心理学家所讲的"基模",只不过它是一种专门针对社会群体的基模。刻板印象有可能导致的"不正确性""僵化性"是从"刻板印象是个人对某群体的基模"这一本质特征派生出来的。有许多原因可导致个人持有错误的刻板印象：

（1）个人行为的模糊性：人的行为与人的动机并非一一对应，这就给由人的行为判断其人格带来很大困难。形成正确刻板印象的基础是形成对个人的正确认识。形成对个人的正确认识已属困难，形成对群体的正确认识（正确的刻板印象）则是难上加难。

（2）接触机会：有时个人仅仅接触过某一群体的部分成员，可现实要求他不得不形成对该群体的整体印象，这就导致难免出现"以偏概全"的错误。

（3）群体的变化：群体已经发生了变化，而针对该群体的刻板印象未能做出及时的调整。

（4）利益和价值：人们对于一个群体的利益关系和价值考虑往往会导致对该群体形成错误的刻板印象。

（5）虚幻相关：高估偶然发生现象之间的相关性往往导致对少数群体形成错误的刻板印象。

（6）缺乏参照标准。

刻板印象作为对一个群体全部成员的概括，会将相同的特征应用在每个个体身上，无视成员之间实际存在的差异。刻板可能是关于身体的、精神的或职业的：如认为身体纤瘦的人敏感，圆润的人乐观；老年人保守，青年人冲动；矮个子动作更灵活等。

由表3.5可见，女性是较"和善与温暖的"，而男性是"有能力且独立的"。实际上思考那些与我们的生活有较多交集，因而有机会被我们深入了解的人，我们会觉得这位女士和那位女士、这位男士和那位男士的差异，可能远大于刻板印象中男性和女性的差别。

表 3.5　刻板印象中关于男性和女性的普遍特质

女性特质	男性特质
温暖的	能干的
情绪化	稳定的
有礼的	粗鲁的
敏感的	自信的
跟随者	领导者
软弱的	强壮的
友善的	善于社交的
时尚的	我行我素的
温柔的	暴躁的

国内学术界关于刻板印象的研究已经比较成熟，近来部分研究者的注意力渐渐转向了元刻板印象。元刻板印象是指个体关于外群体成员对其所属群体（内群体）所持刻板印象的信念，也就是说，内群体的成员对其他群体的成员怎样看待自己的心理预期。我国的心理学研究者对元刻板印象的研究在最近几年才开始，目前还处于起步阶段。严芳等就性别元刻板印象与偏见的关系进行了实验研究，探讨了不同性别不同偏见水平的元刻板印象。结果显示，所有被试在性别元刻板印象的外显和内隐测量结果上差异显著，从而证实了元刻板印象和偏见之间存在一定的关系。

（二）分类：内群体和外群体

人们几乎可以在任何基础上——年龄、性别、种族、外貌、职业、籍贯等，将社会世界划分为界限清楚的类别。这样的分类会导致个体对我们（内群体）与他们（外群体）的不同理解。

社会认同理论提出个体寻求对他们所属的群体有正面的感觉。而他们的自尊部分建立在对社会群体的认同之上。认同其群体的人，最可能表达对他们自己群体的偏好以及对外群体相对应的成见。

Henri Tajfel 和他的同事们创造出所谓的最小团体实验。实验中他们用微不足道的差异将一群陌生人分组，例如一个实验中被试只是根据抛铜板而随机分成 X 组和 W 组；另外一个实验中要求被试对一些从未听说过的艺术家表达他们的喜好，然后把他们随机分成两个团体，表面上看，好像是根据他们的喜好进行划分的。令人吃惊的是，尽管被试在实验前相互陌生，实验过程中彼此没有交流，他们的行为却表现出对那些和他们在无意义分类下同属一组的人，仿佛是好朋友或亲戚。他们比较喜欢同组的成员，认为他们更可能具有较好的人格特征，且会比外团体的成员表现更好。更惊人的是，被试会分配较多的金钱或其他奖赏给内团体成员，并且以残酷的方式对待外团体成员。

（三）权威主义人格

出于对反犹主义和种族中心主义的关注，Adorno 等提出了权威主义人格（authoritarian personality），以此作为产生偏见的人格基础。他认为权威主义人格包含因袭主义、权威主义服从以及权威主义攻击三种成分。后继的研究者在此基础上将权威主义人格分为右翼权威主义和社会支配倾向两个部分。前者代表权威主义人格的服从面，后者则代表权威主义人格的支配面。权威主义者倾向于将世界分为内群和外群，即我们和他们，偏见便由此产生。许多研究者认为权威主义根源于童年期的家庭环境，但其作用机制至今尚不明确。

（四）资源竞争

现实社会中人们最想要最看重的东西，例如不错的工作、宽敞的住宅、高尚的地位等等,都是资源有限、供不应求的。一个群体拥有了这些,另一个群体就没法拥有。

在现实冲突理论里,资源竞争被认为是偏见的主要原因。该理论认为偏见发源于对工作、土地、住房需求以及其他能引起欲望的资源的争夺,当竞争加剧,双方都感受到压力时,牵连在其中的群体成员便会以更为负面的方式看待对方,他们可能会给彼此贴上敌人的标签。

在极端条件下,群体甚至可能不把对手群体当人看待,由此一开始的单纯竞争慢慢会上升为大规模充满情绪的偏见。

三、关于偏见的控制与消除

(一) 群际接触假说

G. Allport 提出群际接触假说,认为在最佳条件下的接触是消除或减少群际偏见的主要方式。

第二次世界大战以后,社会科学领域的学者开始探讨"接触"在偏见降低过程中的作用。当时一个隐含的假设是:仅接触本身就可以带来积极的效果。Allport 质疑了这种主张,认为"从理论上来讲,每一次肤浅的接触只能强化我们已有的负面联想"。他提出接触要想达到降低偏见的目的,必须满足以下四个条件:

(1) 合作性相互依赖:拥有共同目标的合作性相互依赖是接触理论的关键因素。它由两个成分组成:彼此互动和分享成果。经典研究是 Sherif 和他的同事们设计的罗布斯洞穴实验。他们最初在一个男生夏令营中鼓励两个群体之间的竞争,这样的竞争导致产生了非常大的敌意,甚至在非竞争情况下也会出现敌意,比如共同看一场电影。研究者稍后鼓励孩子们为解决一个共同问题而合作,成功地减少了相互间的这种敌意。

(2) 平等地位:接触必须发生在地位平等的个体之间。如果传统的地位不均依然维持,刻板印象就无法被轻易打破。

(3) 接触必须有促成熟悉的可能:应该有足够的交往频率、持续时间和亲密度,以允许友谊的发展。短的、非个人的或者偶尔的接触不太可能产生作用。

(4) 制度和权威的支持:需要相应制度的保障,那些在位的当权者需要明确公开支持接触。

(二) 群际交叉分类

消除偏见的另一个有效的办法是让原来存在偏见的群体成员合作共事,即对群体进行交叉分类。国外的许多研究已经证明了这种机制对于消除偏见确实有效。国内研究者针对我国实情开展了交叉分类与群际偏见的本土化研究。黎情等以华中师范大学96 名女生为被试进行了本土化的验证性研究,同时测量了被试的内隐偏见和外显偏见。研究结果证实群际交叉分类对于消除偏见的作用,同时发现针对内隐偏见比外显偏见要更为显著。

（三）消除刻板印象

近些年来,心理学家研究发展出一些消除刻板印象的有效干预策略:

（1）训练策略:是指组织被试做大量有针对性的练习,使被试形成某种新的联结,以此代替被试认知基模中原有的固定联结（刻板印象）或启动某种特殊的心境。该策略来源于 Amodio 和 Mendoza 提出的内隐种族偏见研究,其假设是:若能够成功形成被试认知图式中新的联结或启动某种心境,那么其刻板印象就会减少甚至消除。

（2）意识性抑制策略:通过某种方式,激活被试外显意识的操作系统,使其形成明确的意图来否认或者抑制已有的刻板联结,从而减少或消除被试的刻板印象。已有研究表明,知觉者的意图能够相对有效地干预刻板印象的激活和产生。由于外显的意图和动机能够激活个体内隐的操作过程,所以能否激活被试外显意识的操作系统是该策略成功的关键。

连淑芳通过"想象"的方式成功激活了被试的外显意识操作系统,认为想象是有意识和有意图的行为,其结果是创造一个人或事件的活跃而逼真的心理表征。她以"三种想象内容"作为性别刻板印象的意识性抑制策略,结果表明,有意识的反刻板印象想象能够有效地干预刻板印象。随后,连淑芳和杨治良考察了抑制对性别刻板印象的影响,实验研究表明,通过指导语（如"尽可能地做到没有男强女弱的刻板印象"）唤醒被试克服性别刻板印象的意图,能够非常明显地削弱被试的性别刻板印象。

（3）熟悉性策略:源于社会心理学中的"群际接触（intergroup contact）能够减少偏见"的假设。该策略的实验操作程序是:事先将目标对象的某些个人信息,如照片、职业、性别等呈现给被试,然后考察所呈现信息对被试随后的刻板行为是否有影响（增强、减弱）及影响程度,即考察熟悉性策略是否有效。

（4）树立无偏见信念策略:激发个人树立无偏见的信念旨在鼓励个体持有一种长期平等的目标（chronic egalitarian goal）,以此激发个体持有一种长期一致的消除偏见的内部动机,当个体的行为表现和他的行为目标不一致时,他就会发挥自我调节的作用,从而改变自身的外显态度。这种外显态度的改变反映的是个体态度的真实变化,而不是社会压力的影响。Moskowitz 等最早用实验证明了有长期公正目标的个体和无长期公正目标的个体拥有同等的关于刻板印象的外显知识,但前者能够更好地自动抑制他们的刻板印象。

第四节 态度的测量

一、利克特量表

利克特量表(Likert scale)也称总加量表,1932 年由心理学家 Likert 提出。他选择了人际关系、民族关系、经济冲突、政治冲突和宗教 5 个态度范畴,分别设计了 5 个特殊的、由一系列陈述问题组成的问卷,有些问题要求被试进行是与否的回答,有的则允许进行多种选择,大部分问题采用 5 点或 7 点量表让被试做回答。

利克特量表的制定过程是:针对一定态度对象,通过广泛调查收集和拟定一系列关于该态度对象的陈述和被选题,然后抽取一个态度测量对象群体的代表性样本进行试测,请他们以 5 点量表对每个题目评分——完全同意计 5 分,比较同意计 4 分,不能确定计 3 分,比较反对计 2 分,完全反对计 1 分,接下来对预测结果进行统计处理和项目分析(使用每个题目与总分相关的 t 检验或项目区分度检验),最后保留余量表,即总得分相关高且区分度较好的题目,删去达不到要求的题目,保留下来的题目则构成正式量表(表3.6)。

表 3.6 使用利克特量表测量顾客对 A 超市的态度

下面列出的是对 A 超市的几种不同观点,请你对每种观点发表看法。

	非常同意	同意	无所谓	不同意	很不同意
A 超市有很好的信誉	1	2	3	4	5
A 超市销售质量差的商品	5	4	3	2	1
我喜欢在 A 超市购物	1	2	3	4	5
A 超市内的商品品种少	5	4	3	2	1
A 超市服务人员的态度很差	5	4	3	2	1
很多人喜欢在 A 超市购物	1	2	3	4	5
A 超市价格比较合理	1	2	3	4	5
A 超市购物环境很差	5	4	3	2	1
A 超市收银台工作效率很高	1	2	3	4	5
我不喜欢 A 超市的广告	5	4	3	2	1

利克特量表由于编制较为简单，各题目之间的一致性较高，已成为目前应用最广泛的态度量表。但它也存在缺点，比如敏感性较低，不同的反应模式会产生相同的结果等。测量结果的准确性依赖被试的反应倾向，有的被试可能倾向于用强烈的方式表达轻微的态度，有的则以轻微的方式表达强烈的反应。

利克特量表之后的一些发展主要表现为：一是选择答案数量的改变，由最初的 5 点计分方式改为 2～7 分的计分方式；二是格式的改变，如陈述句可以是不完整的句子，通过被试的填充来完成句子。

二、语义区分量表

语义区分量表（semantic differential scale）是由美国社会心理学家 Osgood 等于1957 年创立的一种态度测量技术，围绕态度对象设计一套两极形容词（如好、坏，聪明、愚蠢等），一般采用 7 点计分方式。被试根据自己的主观判断，在两极形容词之间选择适当的等级，最后将整个项目的得分相加，获得个体态度指数（图 3.4）。

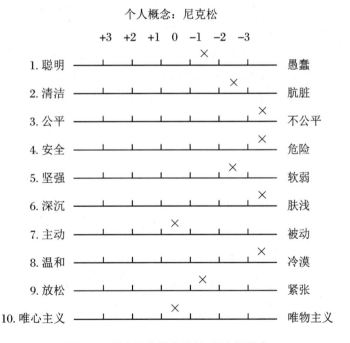

图 3.4　语义区分量表举例：尼克松量表

用于语义区分量表的三个主要态度维度是：情感倾向维度，主要评价好坏；力量维度，主要评价强弱；活动维度，主要评价快慢。通过了解一个人对一定态度对象在上述三个维度的评定，可以了解其对这一对象的基本态度。我们在实际运用语义区分量表时还可以根据需要设定另外一些有关态度对象的评价维度，使其在各个重要的方面反映态度主体和态度对象的关系。语义区分量表的优点主要有两个方面：一是考虑到实际生活中人们对一定对象的评价不是简单的完全肯定或完全否定,因而对各个方面进行区分;二是制作过程简便,不需要过多的专门知识,一切涉及对态度对象评价的两极性评定都可以引入量表。

三、投射测验

投射的实质是一种转移。人将自己的需要、情感或观念倾向转移到其他对象上,且知觉成其他对象具有种种实际上是我们自己具有的特征。人们常说的"以己度人"就是典型的投射现象。

投射测验的方式通常是给予人们一定的刺激物,让人据此进行联想,并用口头或书面方式报告出来,然后通过分析人们联想的内容,推测人的态度和个性。投射测验的态度测量,实际上是一种间接的态度测量方法。著名的投射测验有两种。一种是罗夏墨迹测验(图3.5)——让被试看一个墨迹,然后叙述其内容和联想,此测验主要用于病理心理诊断,它的发明者 Hermann Rorschach 是瑞士的一位精神科大夫。另一种是主题统觉测验(thematic apperception test,TAT)。TAT 通常是给被试一系列图片,鼓励被试不假思索地按照图片编造故事,表面上似乎只是一种想象力的测试,其实被试在这个过程中投入的不只是想象,还会有其他深层的心理活动。被试在面对图片中给定的模糊情境并予以解释时,会倾向于使这种解释与自己过去的经历或当前愿望一致;也可能与过去的经历结合,表达出种种感情和需要,在组织建构故事的过程中,投射出自己的动机、态度和人格。

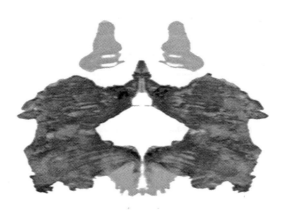

图 3.5 罗夏墨迹测验样图

用于态度测量的其他投射方法也有很多,如投射性的句子完成测验,如果学生在"我爸爸……"这一句子完成测验中写下的都是"我爸爸出差了,好高兴""我爸爸今天又发火了"等反映消极亲子关系的句子,则可以了解到这一学生对父亲态度的倾向性和程度。此外,还有逆境对话测验,Rozenzweig 于1941年编制并发表,原名为"挫折图片研究"，分为成人用和儿童用两种。其理论假说是：被试在接受测试时，会将自己的想法和感受投射到图片中受挫人物的身上。因此，通过分析被试填写的受挫人物所说的话，我们就可以推测出被试受挫后常有的态度倾向（图3.6）。

图3.6　逆境对话测验样图

第五节　研究特写："颜值即正义"的认知神经机制

一、刻板印象的定义

中国有句俗语叫"相由心生"，生性善良的人有着好看的容貌；英语中也有"What is beautiful is good"（美就是善）的谚语。诗人席勒有句名言："Physical beauty is the sign of an interior beauty, a spiritual and moral beauty."（身体美是内在美、精神美和道德美的标志。）在日常生活中，我们一眼就能看出一个人的外貌是否美丽，随后便在外貌和性格之间建立联系。外貌好看的人往往被赋予一些积极的个人特征，如善良、慷慨、聪明；而外貌不好看的人则会被贴上凶狠、自私、迟钝的标签。

研究显示：面部吸引力与社会所期望的积极特质如善良、诚实、友善、可信呈现正相关。在本科生对教师的教学评价中，长相好看的教师相比长相一般的教师会得到更高的分数。在政治选举中，外表更有吸引力的候选人往往会得到更多选民的支持。长相好看的人在职场上也更加轻松，他们的魅力使他们更容易被雇用，而且与长相不好看的人相比，他们的平均工资要高出12%。国外通过一个模拟审判试验，研究者发现长相不好看的被告更有可能被判有罪,判刑时间相较长相好看的被告而言也更长。这样一系列结果背后的"操纵者"正是我们的"刻板印象"。

刻板印象(stereotype)是指人们对于某个群体形成的概括而稳定的认识或看法;它将相似或同样的特征赋予某一群体的全体成员,却忽略成员间的实际差异,因此带有明显的认知偏差。刻板印象具有三个特征:① 它是对社会群体的一种过于简单化的分类方式;② 在同一社会文化或同一群体中,刻板印象具有相当的一致性;③ 它部分与事实不符,有时甚至是错误的。

依照认知内容和对象的不同,刻板印象可以分为种族(民族)刻板印象(racial/ethnic stereotype)、性别刻板印象(gender/sex stereotype)、年龄刻板印象(age stereotype)、职业刻板印象(occupational stereotype)、外表吸引力刻板印象(physical attractiveness stereotype)等。例如,Koomen 和 Bahler 的一项调查研究显示:人们对其他同属欧洲的外国人具有明确的观念,他们认为德国人相对刻苦勤劳,法国人会享受生活,英国人不易激动,意大利人多情,荷兰人可靠。从性别角度看,女性通常被认为是柔美的、贤淑的,而阳刚、挺拔则是男性最为常见的刻板标签。从姓名上来判断,那些保留自己姓氏的已婚女子被认为更加自信、更有抱负。年龄刻板印象表现在人们总会不由自主地认为老年人虚弱,年轻人强壮;老年人保守,年轻人爱冲动。苏联社会心理学家 Bodalev 做过这样一个实验:将一个人的照片分别展示给两组被试,照片中人物的面部特征是眼睛深凹,下巴外翘。主试向 A 组介绍情况时说"此人是个罪犯",向 B 组介绍情况时说"此人是位著名学者",然后请两组被试分别对照片中的人物特点进行评价。A 组被试认为:此人眼睛深凹表明他凶狠、狡猾,下巴外翘反映着其顽固不化的性格;B 组被试认为:此人眼睛深凹表明他具有深邃的思想,下巴外翘反映他具有探索真理的顽强精神。同一个人的照片被赋予了截然不同的评价,其中的差异正是外表吸引力刻板印象的体现。此外,社会上普遍存在着的"颜值即正义"认知偏见则是外表吸引力刻板印象的典型表现。

在讨论刻板印象时,常常会遇到几个容易混淆的术语,如偏见、歧视。仔细分辨这些相似的术语,其实还是有很大差别的。偏见(prejudice)是一种态度,是对一个群体及其成员所持有的一种负面的预先判断。刻板印象是一种对一个群体及其成员的概括性的看法,既有积极的一面,又有消极的一面。积极的一面表现为:在对于具有许多共同之处的某类人在一定范围内进行判断时,不用探索信息,直接按照已形成的固定看法即可得出结论,这就简化了认知过程,节省了大量时间、精力。消极的一面表现为:在被给予有限材料的基础上做出带有普遍性的结论,会使人在认知别人时忽视个体差异,从而导致知觉上的错误,妨碍对他人做出正确的评价。歧视(discrimination)是一种负面行为,这种行为的根源往往在于偏见。

二、社会认知神经科学视角下刻板印象的研究范式及结果

认知神经科学家近年来试图从神经机制中推断出导致这种刻板印象的认知过程，从而减少刻板印象的威胁，避免偏见的产生。

从认知机制上看，刻板印象的信息加工模式被学者们认为是一种双加工模式，即刻板印象激活（stereotype activation）和刻板印象运用（stereotype application）这一双重模型。刻板印象激活是一种自动化的信息加工方式，是一种无须意识和目的干预、自发而且不需要付出努力的思维过程。大脑能在特定类别社会信息线索的提示下自动激活，并引导注意、知觉以及更高级的加工过程指向特定的目标。然而激活的刻板印象对判断的影响可以根据感知者的目标和他们纠正刻板印象的动机而不同。这就是刻板印象的应用，这一过程因为存在意识和动机的明显参与而体现出显著控制性思维的特征。Rivers 等研究了刻板印象激活和刻板印象运用对于判断的影响后发现，即使刻板印象被激活，也并非一定会做出有偏见的判断，只要有意识地去纠正，人们就不会受到刻板印象认知的影响，从而做出恰当的判断，因而刻板印象运用对最终的判断起到决定性的作用。

近年来，学者们主要采用事件相关电位（event-related potential，ERP）和 fMRI 等社会认知神经科学技术对刻板印象进行观察和测量，为刻板印象的认知机制提供了更直观的实证数据。ERP 技术可以较好地把刻板印象的认知过程用反应时来体现。对性别、职业和种族的刻板印象研究显示，刻板印象激活与 P2、N2、P300 成分有关，而刻板印象运用则与负慢波（negative slow wave，NSW）和错误相关负波（error-related negativity，ERN）有关。

P2 成分是对社会信息自动加工的一个神经指标，它更多地指向于消极性的信息；N2 同样与社会类别加工的早期注意有关；P300 成分与 P2 和 N2 相比是反映注意偏向的一个较晚出现的成分。它能反映出社会信息与刻板印象一致与否，通常在与刻板印象不一致的条件下它的潜伏期会变长，波幅也会显著增大。这些成分的出现反映出人们对社会群体类别信息的加工已经在早期注意阶段自动发生了。NSW 和 ERN 成分是与错误行为相关的负波，它们的出现反映刻板印象在认知过程中对错误的检测和控制。

fMRI 实验中所涉及的认知任务主要是采取内隐联想测验（IAT）的实验范式。刻板印象这种无意识、自动化的特征很难通过传统的自陈式直接测量获得准确结果。刻板印象实验本身可能会给人们灌输一些以前他们没有的观念，反而促使新的偏见的产生；最重要的是，人们在自陈式测量时可能会担心受到指责而不愿意表露他们的刻板印象，往往得到的测试结果可能更多的是人们认为应该相信的，而不是他们真正的思想。因此，间接测量则被认为是一种更可靠的测量手段。Greenwald 等提出一种通过测量概念词和属性词之间联系的紧密程度，从而对个体的内隐态度等内隐社会认知进行间接

测量的方法。IAT 的基本逻辑是心理学中的启动效应,也就是指先前呈现的刺激会使随后出现或者与其相关的刺激在认知加工时变得容易。IAT 中,被试需要对目标和属性概念做出同一反应,当这两个概念联系紧密或相容时,被试做出反应的反应时就较短;反之,当这两个概念联系不紧密或者不相容时,被试做出反应的反应时就会较长。通过不同的反应时就可以对被试的内隐社会认知进行准确的测量。

在种族刻板印象的测量实验中使用这一逻辑,常用的一个范式是"武器-工具"识别任务(图 3.7)。这个任务的启动刺激是一张美国黑人或美国白人面孔的图片,紧接着呈现出的刺激需要被试进行归类,做出是工具或武器的判断。

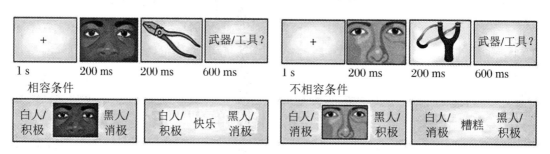

图 3.7 "武器-工具"IAT 任务示意图

在 2016 年出版的 David Myers 撰写的第 11 版《社会心理学》中引用了这一范式的一系列相关研究:Payne 和 Judd 等对白人被试做的"武器-工具"IAT 的结果都显示黑人的面孔通常会有助于"武器"的分类而干扰"工具"的分类,即用黑人的面孔作为启动图片时,人们能更快地辨认出武器,或者更多地把钳子等工具误认为武器,这其实就反映了种族刻板印象的存在。

fMRI 研究主要集中在性别刻板印象和种族刻板印象方面,神经成像结果显示刻板印象认知加工主要涉及的脑区有颞叶(特别是外侧和前侧颞叶)、前额叶(特别是内侧前额叶及其颞顶联合区和外侧前额叶)、额下回以及扣带回。

(1)颞叶(temporal lobe,TL)。刻板印象反映了社会群体和某些特定属性之间的概念关联。这种关联被认为存在于语义记忆中,因此,涉及处理语义知识的颞叶,尤其是外侧颞叶(LTL)成为刻板印象相关脑区。此外,前颞叶(ATL)与社会知识的表征有关,如如何区分人和无生命物体的属性,而背侧前颞叶(dorsal ATL)与主观特质判断和印象形成的内侧前额叶紧密相连,这一通路就表明在前颞叶中所表征的社会信息会进入内侧前额叶进行社会认知加工。

(2)内侧前额叶(medial prefrontal cortex,mPFC)与外侧前额叶(LPFC)。内侧前额叶参与个人特质、偏好以及印象形成等认知过程。其中背内侧前额叶(dmPFC)参与对不熟悉的他人特质的推理判断,而腹内侧前额叶(vmPFC)则与熟悉对象的特质推理和自我参照加工有关。此外,内侧前额叶被认为与颞顶联合区(temporo-parietal junction,TPJ)同属于社会认知网络,与心理理论、共情等一系列社会认知加工过程相关,与对他人情绪和认知状态的推理加工有关。在多个性别刻板印象和种族刻板印象有关的 IAT 任务中，背内侧前额叶均显示出了明显的激活状态，研究者推断内侧前额叶可能参与了刻板印象的搜索及评估，可能是刻板印象信息加工处理的中枢。在一项对腹内侧前额叶受损病人的研究中发现，在完成与性别刻板印象有关的 IAT 中并没有出现因刻板印象自动激活而产生的反应时有显著差异的现象。而外侧前额叶则主要被认为作用于对刻板印象的抑制控制中。斯坦福大学的 Eberhardt 和 Jennifer 发现在种族刻板印象有关的 IAT 任务中，被试面对不同种族的面孔时，被要求有意识地对照片刺激进行抑制控制，结果背外侧前额叶被显著地激活，并成功抑制了种族刻板印象。

（3）额下回（inferior frontal gyrus，IFG）。额下回可以选择性地将相关联的概念转化为工作记忆，从而支持有目标的行为。它与基底神经节和运动皮层的联动可以协调以工作记忆和社会认知（如刻板印象）为导向的行为。其中，在性别刻板印象的成像实验中，左侧额下回主要负责概念知识的检索，而右侧额下回主要负责刻板印象的应用，并根据刻板印象做出相应的判断或者行为，起到抑制刻板印象对行为产生影响的作用。

（4）扣带回（anterior cingulate cortex，ACC）。扣带回被广泛地认为起到监测认知冲突的作用，特别是背侧前扣带回（dACC）经常在认知控制任务（如斯特鲁普任务）期间被激活，更多地参与意识干预下的执行控制，且与注意的维持以及工作记忆参与下的任务完成有关。Richeson 等使用种族刻板印象 IAT 任务所做的研究表明，当个体试图对负性种族刻板印象进行意识性的抑制时，ACC 被明显地激活了。在前文提到的"武器-工具"识别任务中，在与刻板印象不一致的条件下，ACC 出现了显著的激活，从而对这种认知冲突进行抑制。

综上，刻板印象相关神经网络可以大体概括为刻板印象激活网络和监控网络。① 激活网络。刻板印象激活表现出的评估和表征加工是自动化的，语义信息储存在外侧颞叶，特别是关于个人和社会群体刻板印象相关的知识储存在前颞叶。随后，这些信息汇集到背内侧前额叶皮层完成印象的形成过程，并结合支持目标导向的额下回，从而做出以这些刻板印象为指导的行为。② 监控网络。刻板印象与内部目标或外部线索（如社会规范）之间的冲突在扣带回进行冲突鉴别。内侧前额叶参与理解个体和他人心理、观点形成等社会认知过程，并在意识干预下外侧前额叶对违反内部动机、期望或外部线索的刻板印象激活效应进行控制抑制，继而不做出因刻板印象而产生的偏见行为。

三、外表吸引力刻板印象的认知神经研究

近年来，神经科学家在种族刻板印象和性别刻板印象的研究基础上对外表吸引力刻板印象的认知加工过程进行了研究，揭示了"颜值即正义"即根据他人外表推断其性格特征的神经基础。

（一）社会认知视角

Spezio研究了外表吸引力刻板印象对选举结果的影响，首次向我们展示了人们在做选举这样的社会判断时的神经基础。24名被试在fMRI实验中完成模拟选举任务，被试被告知他们将看到大选中真正候选人的照片。在第一个实验中，被试分别看到两位候选人的照片，然后通过按键决定把他们的选票投给哪一个候选人。第二个实验由22名白人女性参与，被试看完两位候选人照片后，判断谁更具有威胁性，谁更加有魅力，谁更加具有欺骗性，谁更能胜任这一职位。在这4项个人特质的选项中，"有魅力"和"能胜任"属于积极特质，"威胁性"和"欺骗性"属于消极特质。

研究者采取了ROI分析方法。结果显示，在观看最终在模拟选举任务中获胜的候选人的照片时，被试的ROI脑区均无显著激活，反而在观看那些最终失败的候选人照片时，被试的脑岛和腹侧前扣带回出现了显著的激活（图3.8）。这与前人对脑岛和腹侧前扣带回的认识一致——它们主要负责处理社交场合中的负面情绪。脑岛是一个处理内部感受的区域，感觉疼痛或不适；腹侧前扣带回则与感知恐惧和无法控制的疼痛有关。因此这一结果提示，那些最终失败的候选人照片激活了被试的负面情绪。在个人特质判断中，与选举结果显著相关的特质是威胁性，也就是说那些在模拟选举中失败的候选人面部特征的威胁性使得被试产生了负面情绪从而落选。有趣的是，这些照片中的候选人都在微笑，没有人表现出负向的面部表情，因此可以说外表刻板印象可能是因为对负面情绪的感知和处理从而产生了偏见行为，脑岛和腹侧前扣带回是其神经基础。

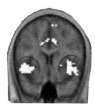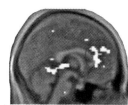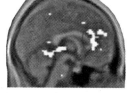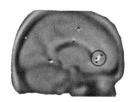

(a) 脑岛　　　　　　　　　　　　　　(b) 腹侧前扣带回

图3.8　脑岛和腹侧前扣带回激活图

Lan等认为应该从人际交往评价的过程出发建构"美即善，丑即恶"的外表吸引力刻板印象的神经网络。Fiske和Neuberg认为在人际交往中评价一个人的善恶至少包括信息收集、整合以及评价的产生这几个过程。神经影像学研究发现，梭状回和枕叶是参与信息收集的主要脑区，它们在控制加工中发挥重要作用；丘脑密切参与信息的整合；内侧前额叶和背外侧前额叶等区域参与人际评估；此外，与分类不确定性相关的前脑岛也涉及其中。此外，先前的研究大多集中在"美即善"的刻板印象中，对"丑即恶"的刻板印象研究不多，因此这一研究主要聚焦于"丑即恶"的刻板印象，来揭示其神经机制以及这两种外表刻板印象的差异。

被试在 fMRI 扫描中完成特质判断任务，每个画面上会出现一个面孔和一个表示特质的形容词。这些面孔有的是高吸引力的（美的），有的是低吸引力的（丑的）；表示特质的形容词有的是积极的（如友好的），有的是消极的（如笨拙的）。那么由不同的面孔和特质形容词组成的刺激就被分成了 4 个类型，包括积极特质的高吸引力面孔、消极特质的高吸引力面孔、积极特质的低吸引力面孔和消极特质的低吸引力面孔。被试被要求在 4 分评级量表上从不可能到非常可能，快速判断他们认为这个人拥有这种特质的可能性。

结果发现，被试倾向于认为高吸引力面孔比低吸引力面孔拥有更多的积极特质；而那些消极特质则往往被赋予了低吸引力面孔。外表吸引力刻板印象的加工涉及多个脑区，包括双侧梭状回、双侧丘脑、双侧脑岛、双侧中央前区、左侧背内侧前额叶皮层、右侧背外侧前额叶皮层、右侧颞下回和双侧楔前叶。此外，在"美即善"和"丑即恶"的区分中，对应条件分别为积极特质的高吸引力面孔和消极特质的低吸引力面孔。通过对比这两组发现：消极特质的低吸引力面孔条件下左前脑岛、左侧背外侧前额叶、右侧背内侧前额叶和双侧中央前区的激活程度较高；积极特质的高吸引力面孔条件下左后扣带回/楔前叶、左颞顶连接和双侧背内侧前额叶的激活程度更高。

"美即善，丑即恶"都是外表吸引力刻板印象的体现，然而人们对两者的表达方式截然不同。人们可以自然地表达"美即善"的态度，而公开表达"丑即恶"的态度是不礼貌的。为了使自己的行为与社会标准相协调，人们往往不愿意将负面特征归结到长相不好看的人身上。在实验中，被试在判断低吸引力面孔图片时需要花费更多的时间。这一结果表明，被试不愿意表达"丑即恶"这一刻板印象，从而控制它，因此可能需要使用更多的心理资源来控制这种刻板印象的表达。

（二）审美与道德视角

"颜值即正义"（beauty-is-good）这种外表吸引力刻板印象从字面意思上看至少涉及审美评价和道德评价这两个系统，那么会不会是因为这两个系统的相互作用带来了这种刻板印象呢？神经科学家试图用成像的方法找到共同作用于这两个系统的脑区，从而研究其神经机制。Tsukiura 和 Cabeza 通过面部吸引力（attractiveness）判断和行为善恶（goodness）判断两个任务对审美和道德评价所涉及的脑区进行研究。基于前人对脑区功能的认知得到内侧眶额皮层和脑岛两个感兴趣区（ROI）。当人们观看有吸引力的面孔或者漂亮的图片，相较毫无吸引力的面孔或者丑陋的图片时，内侧眶额皮层有显著的激活；此外，在处理道德上的正性刺激时，内侧眶额皮层有显著的激活；另外，对内侧眶额皮层受损病人的研究发现，他们的道德判断能力受损，也难以做出道德行为。脑岛常与负性刺激相关，当人们观看毫无吸引力的面孔或图片，或者处理道德上的负性刺激时，脑岛都会响应。在面部吸引力任务中，女性被试会看到年轻男士的面孔图片,并依据吸引力 8 点量表从非常不吸引人到非常吸引人来判断每张面孔。在行为善恶判断任务中,被试需要用 8 点量表从非常恶到非常善来判断每个行为。结果显示,内侧眶额皮层的活动在审美评价和道德评价两个任务中随外表吸引力程度和道德高尚程度的增加而显著增加;而脑岛的活动则恰恰相反,随着外表吸引力程度和道德高尚程度的增加而显著减少。这也就为我们揭示了在审美和道德评价中内侧眶额皮层和脑岛相反相成的协作关系。

Luo 等使用了类似的实验范式研究了外表审美和道德审美的整合。实验中被试在进行磁共振扫描时完成面孔和道德美丑的评价,与以上实验不同,被试将在同一个画面上看到一张面孔的图片,以及一个描述道德行为的句子,之后快速评价这个面孔的美丑和这一行为的善恶,通过按键的方式完成从非常丑(恶)到非常美(善)4 点等级的评价。实验材料面孔图片和行为描述根据不同的组合配对可以分成美-善、丑-善、美-恶、丑-恶4 个条件以及中性-中性这一控制条件。这些刺激可以分成两大类:面孔-行为一致条件(包括面孔美-行为善、面孔丑-行为恶)和面孔-行为不一致条件(包括面孔美-行为恶、面孔丑-行为善)。结果显示,对面部和道德的审美使用了一个共同的网络,包括枕中回、内侧眶额皮层、脑岛和补充运动区。内侧眶额皮层的活动随着美的程度而改变,而枕中回则只在面孔美-行为善的情况下被激活。双侧脑岛和补充运动区主要负责"审丑",并且补充运动区只在面孔丑-行为丑的条件下被激活。此外,在面孔与行为一致的审美刺激中,内侧眶额皮层主要负责评估美(善),而脑岛则主要负责评价丑(恶),根据美或丑的程度不同,两个区域的活跃程度不同,这与之前的研究相一致。此外,有趣的是,一旦出现面孔与行为不一致的审美刺激,内侧眶额皮层仍然对美(善)有反应,而脑岛的激活则被抑制。同时在这种情况下,面部和道德信息之间的审美冲突在内侧前额叶中得到处理。

Zaidel 和 Nadal 对现有审美和道德评价成像研究进行了整理,得出了更加完整的神经网络(图 3.9)。

(1)与审美有关的脑区:神经影像学研究确定了在以绘画、照片、建筑、音乐和舞蹈等为内容的审美评价中不同大脑区域的活动。研究表明,审美评价主要涉及三种类型的大脑活动:① 审美评价引起了视觉、听觉和体感皮层的活动增强,反映了注意力或情感的参与过程。② 审美评价是一种自上而下的加工方式,带来了前内侧前额叶皮层、腹外侧和背外侧前额叶皮层的活动增强。③ 审美评价涉及奖赏回路的参与,包括前扣带回、眶额皮层、腹内侧前额叶、尾状核、黑质和伏隔核以及该回路的调节器如杏仁核、丘脑、海马等。

(2)与道德认知有关的脑区:研究表明即使是最简单的道德任务,比如阅读带有道德内涵的句子,都会涉及大脑的一系列区域——颞上沟被认为具有在感知到社会信息时情绪处理的功能;后扣带皮层和楔前叶被认为与认知控制和情感处理有关,尤其是在克服冲突时,能与前扣带皮层协作;当完成道德任务需要大量与奖励和惩罚相关的认知控制和决策时,内侧前额叶的活动增强;颞极的激活被认为是进行了道德知识与情感的整合;背外侧眶额皮质的激活被认为是认知控制、行为监测以及从工作记忆中主动检索的体现。

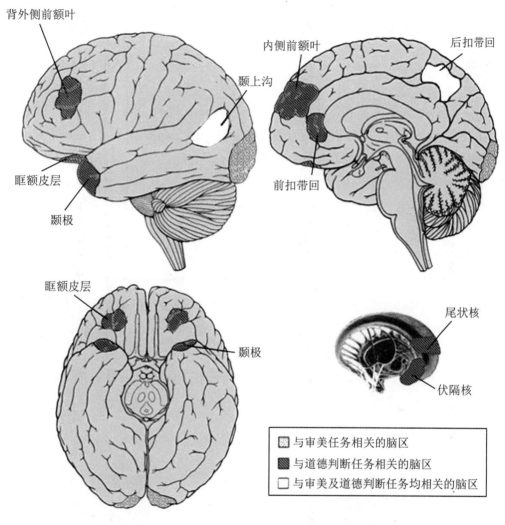

图 3.9 审美与道德评价的神经网络示意图

（3）审美与道德评价的大脑功能网络:在不同的实验中可以观察到,因为实验任务不同,似乎很难找到确定的脑区来处理审美与道德评价。例如,在不同的道德任务中有些是解决道德困境的,如观看具有道德内容的场景,阅读含有道德观念的句子,有些是表达内疚,或判断他人行为好坏的,这些任务会激活以上提到的不同脑区中的一部分,无法统一;在不同的审美任务中,如判断一个物体或面孔的吸引力或评判个人对一个物体或面孔的喜爱程度等也是如此,这些脑区的激活模式似乎是因任务而异的。然而我们依然可以整合审美和道德推理的大脑功能网络,因为其都涉及了以下共同的要素:① 执行功能,如注意力、工作记忆和决策与内侧和外侧前额叶皮层的活动有关;② 对奖赏价值的预期通常与眶额皮层活动有关;③ 基于对过去经历的记忆建立一个情感丰富的语境,这与颞叶相关;④ 认知和情感的整合与前扣带皮层的活动相关。

在这一脑功能网络的基础上,道德判断和审美评价还有各自的特殊性。如在道德判断任务中,这一网络中需要补充负责社会认知的颞上沟以及整合认知和情感冲突的后扣带回和楔前叶;在审美评价任务中,由于艺术形式的不同,这一网络中还需要补充涉及视觉、听觉和体感皮层,以及包括腹侧纹状体在内的奖赏系统。

(三)其他研究路径

除了使用功能磁共振成像(fMRI)的方法进行研究外,神经科学研究者还使用ERP、经颅磁刺激等技术对外表吸引力刻板印象进行研究。Kong 等使用ERP技术检测描述人们外表和性格特征的词语刺激所带来的不同神经活动。与先前的研究不同,这项研究用到的视觉刺激都是词语,而非图片,因为有研究显示词语比图片更有助于区分外表特质和性格特质。被试在屏幕上会看到不同的词语,有些是积极的(如诚实、苗条),有些是消极的(如邪恶、肥胖),他们判断出所呈现的词语是属于描述外表特质的词语还是描述性格特质的词语,并快速按键完成判断,与此同时记录 ERP 数据。结果显示:与积极的词汇相比,人们对消极的词汇反应更快;而在消极的词汇中,人们对关于外表特质的消极词语比对关于性格特质的消极词语反应更快(图 3.10)。对这一结果作者给出的可能的解释是:与中性和积极的刺激相比,人们对负面消极的刺激更加敏感,这可能是人类对具有威胁环境的进化适应。按照这种思路,消极性格特质的词汇要比消极外表特质的词汇提供更多的威胁信息,而实验结果显示人们对消极外表特质词汇的反应速度反而更快,这也说明了外表吸引力刻板印象的作用。

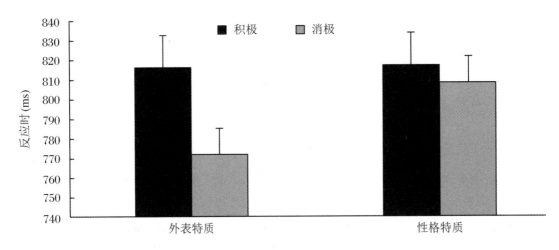

图 3.10　外表和性格特质词汇判断行为学结果

从 ERP 成分分析来看,在 $170 \sim 250 \ \mathrm{ms}$ 的时间窗口期内,与积极词汇相比,消极词汇诱发了更大的 P2 成分波幅(P2 是知觉加工的指标,其波幅的大小代表了大脑加工的深度),与行为学结果一致,体现了大脑对负向消极刺激的敏感。此外,结果还显示与描述性格特质的词汇比,描述外表特质的词汇诱发出了更大的 P2 成分波幅。在先前的研究中，P2成分被认为是代表了早期情绪刺激加工中情绪词或其他类似刺激的快速注意捕获。在该研究的词语分类任务中，性格特质词汇比外表特质词汇占据了更多的注意力资源，这说明大脑对这两种刺激的反应是不同的，性格特质会引起更强烈的情绪反应，因为它具有更多的心理意义。这似乎也能说明在处理外表吸引力刻板印象时不必占用过多的心理资源。除了P2成分外，晚期正成分（late positive component，LPC）被认为与情感的精细加工有关，它出现在情绪刺激的晚期，其波幅的大小可以反映潜在的情绪反应和情绪调节功能。在该研究中，在刺激开始后的400～700 ms的时间窗口内，描述性格特质的词汇比描述外表特质的词汇诱发出了更大的LPC，这表明积极和消极的性格特质词汇加工都比描述外表特质的词汇加工更为精细，性格特质词汇在评价中需要占用更多的心理资源，而对外表进行评价的词汇则较为粗浅，也更节约认知资源。

经颅磁刺激（transcranial magnetic stimulation，TMS）是一种神经刺激技术，是一种大脑神经功能的调控技术。它利用脉冲磁场作用于大脑，从而改变大脑皮层神经细胞的膜电位，并使其产生感应电流，从而影响脑内代谢和神经活动。由于无痛、无创伤性等特点，TMS现在也被应用在心理疾病的干预和治疗中。由于TMS可以通过可控和可逆的方式干扰目标脑区的神经活动，因此它可以阐明脑区在调节特定功能或行为时的因果关系，为神经成像研究发现的相关结果提供有力的证据。

Chiara等通过结合TMS和启动范式来评估"美即善"的外表吸引力刻板印象，探讨审美和道德评价相互作用的神经基础。被试需要评估一系列面孔的可信度，每一张面孔前面都有一个形容词，用于形容美貌、丑陋或中性形容词，形容词作为启动项。TMS被应用于启动项和目标面孔呈现之间，用以干扰两个与审美和道德评价有关的脑区：背内侧前额叶，它被认为是社会认知的核心区域；背外侧前额叶，它被认为是对决策至关重要的脑区。结果表明，在基线控制条件下，即当TMS作用于颅顶时，被试在面孔可信度评价任务中表现出了"美即善"的外表吸引力刻板印象，即被试认为与美貌相关的启动后出现的面孔比与丑陋相关的启动后出现的面孔更值得信任。然而，当TMS作用于背内侧前额叶时，启动项对于面孔可信度的判断没有影响，也就是说，面孔吸引力和可信度之间的刻板印象联系消失了。反过来，当TMS作用于背外侧前额叶时，面孔可信度水平总体下降了，无论是在美貌启动词后还是在丑陋启动词后出现的面孔都显得没那么值得信任了，然而，被试还是认为美貌启动词后面出现的面孔比紧接着丑陋启动词后出现的面孔更值得信任，说明"美即善"的外表吸引力刻板印象依然存在。这可以说明干扰背外侧前额叶的神经活动并不会影响面部可信度评价，因此可以说背内侧前额叶是外表刻板印象的关键脑区，在审美和道德评价中起着决定性作用。

四、研究现状与趋势

认知神经科学家使用fMRI、ERP、TMS等技术对"颜值即正义"的外表吸引力刻板印象进行了研究。有的从社会认知角度,有的从审美和道德关系的角度尝试揭示外表刻板印象的神经机制。刻板印象被认为存在于语义记忆中,因此,当人们基于刻板印象进行判断时,与存储语义记忆有关的颞下回会被激活。当根据外表吸引力来推断他人的特质时,与自我和他人的特征和品质归因有关的背内侧前额叶就会被激活。当被试把这些刻板印象概念作为判断依据时,背外侧前额叶也会被激活。此外,研究者还进一步探索了背内侧前额叶和背外侧前额叶对外表吸引力刻板印象的具体作用,通过使用TMS调节这两个脑区的方法得出背内侧前额叶是外表吸引力刻板印象的关键脑区,在审美和道德评价中起着决定性作用。当然,人们在根据外表吸引力来判断他人特质时可能会有些不确定,因此,与分类不确定性相关的脑岛也被激活。此外,研究表明,脑岛还会作为对负面刺激的反应而被激活,而且人们对负面刺激的反应速度还要快于积极刺激。除了上述关键脑区外,双侧梭状回参与信息的收集,在面孔感知中起到关键作用,丘脑整合了面部特征和个人特质信息,扣带回监控认知冲突,双侧楔前叶检索相关记忆来做决策。

此外,研究者还总结出了一个外表吸引力刻板印象处理的认知神经网络。这一认知网络包括:执行功能,例如注意力、工作记忆和决策;对奖赏价值的预期;基于对过去经历的记忆建立一个情感丰富的语境;认知和情感的整合。相应的神经网络包括内侧和外侧前额叶、眶额皮层、颞叶以及扣带回。

对于刻板印象的研究主要集中于种族刻板印象和性别刻板印象,对外表吸引力刻板印象的研究还不算丰富,研究方法主要使用 fMRI 的方法,偶尔有一些 ERP 以及TMS 的研究出现。这些研究虽然在宏观上为我们架构了一个外表吸引力刻板印象加工过程的认知神经框架,但是这一框架还不够清晰,Zaidel 和 Nadal 也提到过目前的研究常常因不同的实验而结果各异,那么在今后的研究中还需要整合多种研究方法得到的结果,从而得出更加统一、稳定的结果。此外,研究的实验范式大多采用外显的测量方法通过评分或者分类任务来检验外表吸引力刻板印象,除了这种外显的,内隐刻板印象的测量很少出现在神经成像实验中。在未来的研究中可以多采用内隐的方法(如内隐联想测验)调整实验范式来研究外表吸引力刻板印象。

第四章　社会认知障碍

第一节　心理障碍概述

心理障碍是所有心理类障碍的总称。心理障碍种类繁多,且诸多类别的心理障碍患者存在明显的社会认知障碍的临床表现。本章将以心理障碍的定义和心理障碍产生的生物学因素为阐述要点,以孤独症和抑郁障碍这两类心理障碍的具体社会认知障碍表现和神经机制为阐述重点。

一、心理障碍的定义

心理障碍(psychological disorder)也被称为精神障碍(mental disorder),指的是所有够得上诊断标准的心理上的疾病。心理障碍分为重型心理障碍和轻型心理障碍。重型心理障碍指的是精神病,也就是大众口中的"神经病""疯子",约占心理障碍的10%;轻型心理障碍是指除了精神病之外的心理障碍,包括神经症、情感障碍、适应障碍、人格障碍、进食障碍等,约占心理障碍的90%。日常生活中,我们能接触到的大部分心理障碍是轻型心理障碍,具体见表4.1。

表 4.1　心理障碍分类

心理障碍	重型心理障碍	精神分裂症	是一种常见的病因尚未完全明了的心理障碍,多起病于青壮年,常有感知、思维、情感和行为等多方面的障碍和精神活动的不协调
	轻型心理障碍	神经症	是一组主要表现为焦虑、抑郁、恐惧、强迫、神经衰弱症状或疑病症状的心理障碍的总称。生活中比较常见的有焦虑症、恐惧症、强迫症和神经衰弱等
		情感障碍	是由各种原因引起的以显著且持久的心境或情感改变为主的一组疾病。可显著影响社会功能,具有反复发作的倾向。常见的有抑郁障碍、躁狂症和双相情感障碍等

心理障碍	轻型心理障碍	适应障碍	是指明显的生活改变或环境变化产生的短期和轻度的烦恼状态和情绪失调,常有一定程度的行为变化等。典型的生活事件有居丧、迁居、转学、患重病、失恋、离异和经济危机等。多出现在应激性事件发生后的1~3个月内,临床表现有抑郁心境、焦虑状态和品行障碍等
		人格障碍	是指人格显著地、持久地偏离所在社会文化环境应有的范围,从而形成的与众不同的行为模式。这种异常的行为模式是持久的、固定的、泛化的,常表现为情感和行为的异常,个性上有情绪不稳、自制力差、与人合作能力和自我超越能力差等特征,但其意识状态、智力均无明显缺陷
		性心理障碍	是指以两性性行为的心理和行为明显偏离正常,并以这类性偏离作为性兴奋、性满足的主要或唯一方式为主要特征的一组精神障碍。主要包括性身份障碍和性偏好障碍。除此之外,与性无关的精神活动并无其他明显异常
		进食障碍	是指采取不恰当的进食行为解除内心压力和矛盾的一种障碍,主要包括神经性厌食和神经性贪食。多见于青少年女性,患者往往存在某些个性弱点,如过分依赖、过分追求完美、处理心理冲突能力较差等;发病前往往有某些难以解决的生活事件
		睡眠障碍	是成年人常见的心理障碍,主要表现为失眠、嗜睡、睡眠-觉醒节律障碍、睡行症、夜惊和梦魇等。最常见的为失眠症,患病率高达 10%~20%
		网络成瘾	又称为网络过度使用或病理性网络使用,是指由于过度使用网络而导致明显的社会、心理损害的一种现象

二、心理障碍产生的生物学因素

众所周知,心理障碍的产生是社会学因素、心理因素和生物学因素共同作用的结果。以往的研究更多关注的是社会学因素和心理因素,但随着社会认知神经科学的发展,学者们发现人类所有的心理活动都是由大脑控制的,异常的心理活动和行为表现是异常大脑功能和结构的产物,因此学者们开始关注心理障碍的生物学因素,并取得了可喜的研究成果。目前,学者们一致认可心理障碍产生的生物学因素包括大脑损伤、神经发育异常、神经生化学异常和大脑可塑性低下等。

(一) 大脑损伤

目前已知大脑不同的区域具有不同的功能,如颞叶负责视觉辨认、听觉感知、记忆和情绪等;额叶负责记忆、语言、智力和人格等。当某部分脑区受到损伤时,其所负责的部分就会受损。这方面最经典的案例是 1848 年英国铁道工人 Phineas Gage 受伤事故。Phineas Gage 在一场爆炸事故中意外受伤,导致一根长约为 109 厘米、直径约为 3 厘米的铁棒贯穿他的头颅。事故发生后,Phineas Gage 虽然很快苏醒过来并且最终活了下来,但是性情大变。受伤前的他诚实、聪明、有责任心、朋友众多;受伤后的他虽然聪明如旧,言语和行动能力也没有受到明显影响,但是性情变得冷漠、情绪不稳定、不近人情、易激惹、没有责任心,与周围人的关系也变得越来越差。受当时的医疗及科学研究条件限制,学者们无法判断造成这种性情逆转的深层次原因,但后来随着社会认知神经科学的发展,学者们发现,造成 Phineas Gage 前后性情大转变的原因主要是他大脑中负责情绪管理及理性判断等功能的脑区在那次事故中严重受损,这导致他在进行理性思考和处理情绪等方面时遇到困难;其他脑区因为未受损,所以他在其他方面表现正常无异。

(二)神经发育异常

目前学者们研究发现,神经发育异常会引起个体不同的临床表现症状,如额叶神经发育异常会引起情绪和人格方面的改变,颞叶内侧及海马萎缩会引起认知功能的损害。另有研究发现精神分裂症、儿童注意缺陷障碍和物质依恋患者可能存在共同的发病机理,如这些患者皆表现出大脑结构和功能的可塑性改变,如颞叶内侧、额叶和海马等脑区的灰质和白质减少及体积缩小,临床上都表现出认知功能受损和发育迟缓等。

(三)神经生化学异常

学者研究发现脑内神经递质或受体的数量、活性发生改变时,个体的心理活动会发生改变,如 5-羟色胺功能活动降低与抑郁障碍患者的抑郁心境、失眠、食欲减退、昼夜节律紊乱、性功能障碍、内分泌紊乱、焦虑不安和活动减少等高度相关;而 5-羟色胺功能活动提高则与躁狂症的发作有关。

(四)大脑可塑性低下

大脑具有可塑性也是近些年学者们研究的新发现。学者们发现不论是外周神经系统还是中枢神经系统,脑的结构和化学活动总是处于不断的变动之中,换句话说,大脑具有可塑性。以记忆为例,个体生活的各种经历的记忆最初保存在海马,情绪记忆则在杏仁核区域编码,而运动记忆则主要保存在纹状体。当个体开始学习新知识时,大脑就会慢慢建立新的神经突触联系,大脑结构就会逐步发生改变。已有研究表明,在整个生命过程中,个体在遗传基因和环境的相互作用下,大脑一直处于这种构筑和变化中,换句话说,不单是儿童和青少年,即使是成年人的大脑也依然具有良好的可塑性。

第二节　社会认知障碍的神经机制

在传统的心理学者和社会认知神经科学学者对大脑的研究中,他们更关注的是大脑如何对输入的信息进行反应。例如,垂直边缘和水平边缘的知觉涉及的是同一组神经元吗? 大脑对规则动词和不规则动词的加工方式是一样的吗? 这种基于"把大脑看作一个通用的信息处理器"的物理世界的研究也被应用于社会认知障碍的研究上,例如,学者们把研究的关注点放在社会认知障碍患者的大脑认知机制上,如有关失忆症和失认症患者的记忆及和信息相关的知识在大脑中通常是如何工作的,失语症患者在词汇、语法、语义加工方面的特征是什么。但在社会认知神经科学学者眼里,人的大脑并非是一个孤立的、在唯我的世界存在的,而是存在于与社会相关联的社会世界中。例如,"马基雅维里智力假说"认为驱动智力和大脑进化的或许是在社交上以智力击败竞争对手的需求。这是社会认知神经科学的研究萌芽,基于此,社会认知神经科学学者认为我们对于大脑的研究仅仅是进行"唯我的物理世界"的研究是片面的,应该注重大脑的社会性属性,并开展大脑的"社会性属性的心理世界"的研究。社会认知神经科学学者把相关的研究理念贯穿到社会认知障碍的研究中,目前在孤独症、抑郁障碍和网络游戏成瘾等方面取得了显著的研究进展。

一、孤独症的神经机制

孤独症谱系障碍,简称孤独症,是以社会功能障碍和刻板行为、抑制兴趣为核心症状的一种神经发育障碍。一部分社会认知神经科学学者把孤独症的社交困难归因于概括过程障碍,或患者语义加工失败而导致的症状,或患者语言障碍的衍生物。而以 Simon Baron-Cohen 为代表的社会认知神经科学学者则认为:社会理解方面的障碍背后可能存在特异性的脑区和神经环路缺陷,从而影响到社会行为;以社交和交流障碍为典型症状的孤独症反映的可能是一些社会认知方面特有的障碍;这方面的研究重点不应该放在"物理世界"的研究上,而应该放在社会性特征的"心理世界"的研究上。

(一)孤独症的社会认知神经科学研究背景

在社会认知神经科学学者对孤独症进行正式研究之前,已经有学者开始对大脑的社会性进行了关注。最初,Charles Gross 在单细胞记录研究中发现了一种特别的细胞群,它不仅会对视觉环境中的非社会性信息产生激活反应,也会对一些特殊的社会性特征(如面孔和手)产生反应。另外,诸多动物行为学者也开始关注社会情境的影响,如 Harry Harlow 基于著名的恒河猴幼猴"产妇剥离实验"(图 4.1),提出"触觉是爱的重要变量,与食物来源没有关系"。John Bowlby 基于婴儿"母爱剥离实验",提出"依恋行为是促进和维持与养育者亲近的姿态和信号",早期亲子关系的经验形成了人的"内部工作模式",这种模式是人对他人的一种预期,决定了自身的处世方式。早期亲子依恋的质量会对个体的人格和心理产生重要的影响,会在以后的其他关系,特别是成年以后亲密关系和婚恋关系中起到重要的作用。在此研究背景下,社会认知神经科学学者开始关注孤独症的社会性特征。

图 4.1　产妇剥离实验过程图

(二)社会认知神经科学研究孤独症涉及的几个重要概念

1. 社会脑

专注于物理世界研究的心理学者们发现有的人智商很高,所以对物理世界有着强大且完备的理解力,如在物理、数学等学科学习上逻辑严谨、表现优异,而他们在与人交往中表现得生硬局促、略显不足;有的人正好相反,为人处世八面玲珑、面面俱到,而在学科学习上抓耳挠腮、生搬硬套。据此他们认为独立于一般智力之外,可能存在另外一种智力形式,这种智力形式后来被称为"情商",也就是社会理解能力,也被称为"社会脑"。

Leslie Brothers 研究发现在灵长类动物的大脑中存在专门负责社会认知的区域,他于 1990 年提出了"社会脑"的概念。学者们研究发现社会脑由前额叶(尤其是眶额叶皮层和内侧额叶)、颞上沟和杏仁核等神经区的网络组成;社会脑能帮助我们理解和加工社会性信息,实现社会功能,是人类为了应对高度复杂的社会化环境而进化出来的独特神经系统;社会脑的发展使人类在社会交往过程中能了解和观察他人的目的和意图,评价他人的心理状态,并对获取的信息进行加工,从而达到与他人进行有效沟通的目的。研究进一步表明,人脑负责社会行为的部分从胎儿时期就开始发展,多数人要到三四十岁才会成熟。孤独症的社会认知神经科学研究是基于社会脑的研究而逐渐兴起的。

2. 共情

"共情"最初是一个美学概念,表达的是人们对于他们所看到的真实精神情感的投射,因其有一定的心理学特质,后被引入心理学的研究中。精神分析学派认为共情对于构建工作联盟和提高咨询分析效率有重要意义;人本主义学派认为共情是个体心理变化的必要和充分条件。但不同于美学中的共情,心理学把共情作为科学研究对象,但对共情的内涵,学者们观点不一。如 Rogers 认为共情是体验他人内心世界的能力。Mead 提出共情要具有"进入他人角色"的能力,强调共情是个体压制了自我中心,并能以他人的角度看世界。Egan 认为共情包括感知、知晓和评估三个组成部分。他进一步提出共情分为两个阶段,分别是初级阶段和高级且准确的共情阶段。Reed 认为共情有以下七个方面的含义,分别是理解和沟通,能力、过程和表达的共存,模拟其他人的情绪并产生共鸣,一种数据和信息的收集方法,了解他人的心理状态并分享内部经验,一种特殊的感知方法,一种沟通方式和非理性的理解。

Baron Cohen 和 Leslie Brothers 认为共情包含两方面的要素:① 具有对自我和他人的心理状态进行归因的能力,并以此作为了解行为主体(行为主体通常是指具有意向性的实体,即具有将意识指向其他某物的能力,如看向某人的反应)的一种常用方式,如能把某人的言行归因为他很难过或很兴奋。② 对他人的心理状态具有适当的情感反应。也就是说在归因的基础上,对他人的言行进行自我反应。比如,我看到他很难过,我也很难过;我看到他很兴奋,我也很兴奋。这样的共情能让我们感受他人的心理,理解他人的行为,并预测他人的行动,自我通过想象他人的感受来建立自我和他人的联结,做出恰当情绪反应并分享内部经验。Hackey 则认为,共情是一种沟通技巧,是一种特殊的感知方法,是一种沟通方式和非理性的理解,在很大程度上是一种内部状态,也是一种内在的人格特质。

3. 孤独症共情理论

美国精神病学协会(1994)提出,当个体表现出社会性发育障碍、人际交流障碍和重复性行为/强迫性癖好这三种异常行为时,就会被诊断为孤独症。基于社会认知神经科学学者发现的孤独症的神经发育过程存在共情损伤,社会认知神经科学学者提出,孤独症及相关症状谱系在一定程度上存在着与心理年龄相关的共情障碍,这一共情障碍会一点点表现出来,这可能是由脑区的一处或多处的异常引起的,由此提出孤独症共情理论。

孤独症共情理论认为,正常的人类共情从婴儿期开始发展,贯穿一生,且1岁左右婴儿的共情能力可以通过实验进行确认和研究。正常婴儿的共情能力包含以下几个方面:能判断一个事物是不是行为主体;能判断行为主体是否在看着自己;能通过跟随他人的眼神凝视或手势指向参与共同注意;能判断他人是否在表达情绪,是哪一种情绪;能对他人的痛苦表现出关心,或对他人的情绪做出恰当的反应;能判断他人的目的或意图。

　　当然随着年龄的增长,共情能力也得到了发展,主要表现在以下几个方面:能对自己和他人的一系列复杂的心理状态,如伪装、信任等进行归因;能对复杂情绪进行识别并做出恰当的反应;能在理解和预测他人行为的基础上,对他人的行为进行调节;能根据他人对自身行为的评价,判断如何在不同场合表现得体;能对他人的想法表示理解和感同身受。

　　而研究发现,孤独症患者在共情能力发展方面存在严重缺陷,这种共情障碍一定程度上表现出"心智盲"。相关学者研发了 30 多种心智盲测试,这些测试皆揭示孤独症患者在共情方面存在缺陷,主要有以下几种:共同注意缺陷;在言语中使用描述心理状态的术语缺陷;区分物理实体和精神实体的缺陷;理解"通过视觉观察可以习得一些知识"的缺陷;为自己寻找借口或理解他人谎言的缺陷;分辨表象和事实的缺陷;理解"对于信念产生的信念"的缺陷;理解错误信念的缺陷;理解复合情绪的缺陷;对别人的痛苦表示关心的缺陷。

（三）杏仁核在孤独症中的作用研究进展

　　杏仁核,又名杏仁体,呈杏仁状,是边缘系统的一部分,是产生情绪、识别情绪、调节情绪、控制学习和记忆的脑部组织。大量实践证明,杏仁核与情感、行为、内脏活动及自主神经功能等有关。另有研究发现,孤独症似乎也与杏仁核有关。美国威斯康星大学 Richard Davidson 教授团队研究发现当患有孤独症的儿童注视别人的脸时,大脑中负责判断外来威胁性视觉信号的杏仁核区域异常活跃,引发负面情绪;此后由于患病儿童移开了目光,大脑中负责判断他人脸部视觉信号的梭形脸部区就不够活跃。而对于正常的儿童,他们正视别人的脸时不会导致杏仁核区活跃。因此研究者认为孤独症患儿的大脑杏仁核存在功能障碍,他们会把看到的任何人的脸部都判断为威胁,大脑产生的恐惧反应迫使他们不敢直视他人。美国北卡罗来纳大学的研究者发现,大脑中杏仁核的大小与孤独症的发生有关。研究者利用脑部磁共振扫描发现,孤独症幼儿脑部一个称作杏仁核的区域比健康幼儿组平均大 30%。其他 fMRI 研究也表明,孤独症患者的杏仁核在多项社会信息加工和社会认知任务上表现出异常的激活,如在对呈现恐惧表情的面孔进行加工时,孤独症患者的左侧杏仁核的激活明显弱于正常人,而前扣带回和颞上回皮层的激活则明显增强。也有研究发现,孤独症患者表现出来的病症和杏仁核损毁术后病人的病症很相似。神经解剖学者也发现,相比于正常人,孤独症患者的杏仁核体积虽然没有异常,但是杏仁核细胞密度更大。

（四）孤独症研究展望

　　孤独症的杏仁核理论的深入和拓展将是未来孤独症研究的重要领域,如对杏仁核的 13 个核团进行细致研究,区分孤独症患者哪些核团是完好的,哪些是受损的。

另外,孤独症的社会脑理论模型也将是研究的重要方向,目前已有研究通过低频重复经颅磁刺激作用于社会脑的棱状回和前额叶皮质,能明显改善孤独症患者在人脸识别和执行功能上的表现。这种社会脑神经的可塑性训练也将是未来的重要研究方向。

二、抑郁障碍的神经机制

抑郁障碍是一种大众非常熟悉的常见的心境障碍。公元前4世纪,希波克拉底把抑郁障碍描述为一种以"厌食、沮丧、失眠、烦躁和坐立不安"为特征的疾病,并创造了"忧虑"这个名词来描述这一症状。抑郁障碍以显著而持久的心境低落为主要临床特征,且心境低落与其处境不相称,严重者可出现自杀念头和行为。多数病例有反复发作的倾向,大多数发作可以缓解,部分可有残留症状或转为慢性。

(一)抑郁障碍的社会认知神经科学研究背景

抑郁障碍的诊断标准以心境低落和快感缺失为诊断核心,但对认知方面及身体症状方面的变化并没有明确规定。社会认知神经科学学者在研究中发现,虽然不同年龄段的抑郁障碍患者在病症的临床表现和病程的发展上是相似的,但是依然存在年龄特异性和差异性:其一,药物治疗疗效不同。相较于成年抑郁障碍患者,儿童和老年抑郁障碍患者对三环类抗抑郁药不敏感;另外,相较于成年和儿童抑郁障碍患者,老年抑郁障碍患者对人际疗法更敏感。其二,抑郁障碍患者的神经生物机制也存在差异。儿童抑郁障碍患者并未出现青少年和成年抑郁障碍患者容易出现的"肾上腺皮质醇增多症"。因此有学者进一步研究认为,抑郁障碍年龄差异可能是由脑神经的不同年龄阶段发育发展特点导致的,如20岁以下下丘脑-垂体和下丘脑-生殖腺轴的发展成熟、中年的更年期因素以及老年的血管和神经的变化等。据此,有的学者进一步提出这种差异可能与情感-认知过程有关,这种猜想需要经过科学进一步的深入验证。抑郁障碍的社会认知神经科学研究也就是在这种背景下受到了关注。

(二)社会认知神经科学研究抑郁障碍涉及的几个重要概念

1. 认知模式

认知模式指个体对信息的获取、处理的模式。学者们认为个体的认知模式深受原生家庭的影响,且在童年期就已经形成,并且在一生中相对稳定。负性认知模式是正常认知模式的一种"变异",指的是个体的认知模式偏向消极、负面。这种认知模式一旦被激活,就会使得个体脑部的信息加工发生偏差或偏向,主要表现在以下几个方面:

(1)三重消极认知。是指对生活中自我、世界和未来三个非常重要的方面的消极思考。在自我方面,会自认为不够完美、不够优秀,如我是个没有价值的人,我是个一无是处的人。在世界方面,会对周围环境做出消极的解释,如这个世界是虚无的,这个世界是不公平且灰暗的。在未来方面,确信当前的困难和痛苦会无限期持续下去,如未来的我也不会成功,也会像现在这样可有可无;未来的我也不会幸福,甚至会过得更加辛苦糟糕。处于负性认知模式的个体会放弃和忽略积极刺激而去自动选择和编码消极刺激,甚至为了匹配偏向的情感基调,而去扭曲被加工信息的平衡或改变对某种情境的知觉,最终造成"三重消极认知"。

(2)逻辑错误。是指对事件和情境的理解和表达存在明显的思维方法错误,但是个体本人却坚信自己的认知。逻辑错误主要有以下几类:

① 过度概括化。是指由一个偶然事例得出一种极端性信念并将之不适当地应用于不相似的事件或情境中。例如,一个孩子跳绳总是跳不好,家长可能就此概括得出"你连这么简单的跳绳都跳不好,你的体育基因太差,体育肯定不会及格"的过度概括化的结论。

② 任意推论。是指在没有支持性的或相关的证据的前提下就得出结论,包括"灾难化""糟糕化",或在大部分情境中最先想到最糟糕的情况和结果,并认为一定会朝最糟糕的方向发展,由此得到消极的结论。以跳绳为例,任意推论出"你跳绳都跳不好,学习成绩怎么可能好呢? 将来怎么可能过上幸福的生活呢?"

③ 选择性概括。仅根据对一个事件或某一方面细节的了解就形成结论。在这一过程中其他信息被忽略,并且整个背景的重要性也被忽略。其中所包含的假设是认为那些与失败和剥夺有关的事情才是最重要的。以跳绳为例,选择性概括出"身体是革命的本钱,身体才是最重要的,你跳绳都跳不好,身体不好,其他做得再好有什么用?"

④ 主观夸大和缩小。用一种比实际上大或者小的意义来感知一个事件或情境,具体是指放大小的负性事件、缩小大的积极事件而造成严重的评估错误。以跳绳为例,夸大"孩子因为跳绳过程中踩绳而中断导致跳绳总数减少了十多个"和缩小"孩子一分钟跳绳已经由原来的 100 个提高到了 140 个"的成绩提升。

⑤ 个性化联系。是指个体在没有根据的情况下将一些外部事件与自己紧密联系起来的倾向。例如,我就是个"吉祥物",你看,这家往日高朋满座的饭店,我才去吃了几回,现在竟然关门歇业了;那家往日生意兴隆的服装店,我才去买了一身衣服,现在竟然招租转让了;还有一家往日人来人往的咖啡馆,我去了几次,现在竟然门可罗雀、毫无人气了。

⑥ 贴标签和错贴标签。根据缺点和以前犯的错误来描述一个人和定义一个人的本质。例如,这个人不可交往,上次第一次和他相约见面,他竟然迟到了,太不尊重人了,和人第一次约会,怎么能迟到呢? 所有的解释都是借口而已。不尊重他人时间的人不值得相交。

⑦ 极端思维。用全或无、非黑即白的方式来思考和解释,或者按不是/就是两个极端来对经验进行分类。例如,要是连大学都考不上,那还算是学生吗? 考不上大学,人生

就完全废了。

以上负性思维模式会导致个体情绪更加低落、快感严重缺失，而情绪的低落会反过来更加激活负性思维模式，使得消极想法增多，最终陷入情绪的恶性循环。社会认知神经科学学者认为，这种循环对抑郁的病理和病程的持续很重要，其作为交互机制模式的一部分，包含生物因素、心理因素和其他社会因素等成分。

2. 习得性无助

习得性无助是指个体经历某种学习后，在面临不可控情境时形成无论怎样努力也无法改变事情结果的不可控认知，继而导致放弃努力的一种心理状态。简单地说，就是通过学习而得来的无助感状态。这是由美国心理学家 Seligman 于 1967 年在研究动物时提出的。他用狗做了一项经典实验(图 4.2)，起初把狗关在笼子里，只要蜂音器一响，就给狗以难以忍受的电击，狗被关在笼子里，无论如何逃避都躲避不了电击。多次实验之后，只要蜂音器一响，即使实验人员在实施电击前先把笼门打开，狗也不会马上逃离狗笼，而是未等电击出现就先倒在地上呻吟和颤抖。本来它这次可以主动地逃避电击，却因为之前的遭遇而绝望地等待痛苦的来临，这就是习得性无助。

图 4.2　习得性无助实验

Seligman 认为无助感的产生过程可分为四个阶段：第一个阶段，在努力进行反应却没有结果的"不可控状态"中体验各种失败与挫折。第二个阶段，在体验的基础上进行认知。这时个体会感到自己的反应和结果没有关系，产生"自己无法控制行为结果和外部事件"的认知。第三个阶段，形成"将来结果也不可控制"的期待，"结果不可控制"的认知使人觉得自己对外部事件无能为力或感到无所适从，自己的反应将毫无效果，前景无望，即使努力也不可能取得想要的成果，也就是说"结果不可控制"的认知和期待使人产生无助感。第四个阶段,表现出动机、认知和情绪上的损害,也就是习得性无助,这将严重影响后来的学习。

3. 抑郁认知理论

最早的抑郁认知理论是由 Aaron Beck 于 1976 年提出的。他的理论认为认知模式是潜在的认知结构,其作用是对刺激进行筛查、编码和评估,最终允许个体以一种有意义的方式对经验进行分类和解释。基于多年的临床观察,Aaron Beck 认为抑郁障碍患者的脆弱是基于个体具有的负性认知模式。Seligman 则认为抑郁是预期未来无助状态的结果,即预期糟糕事件的发生且相信自己做任何事情都无法避免事件的发生;习得性无助其实是抑郁易感性的表现。有学者进一步提出,个体对事件起因的解释也是习得性无助感的重要决定因素,并由此提出了三个归因维度能控制无助感:

(1) 内部-外部维度。个体把习得性无助感归因于个体内部因素还是外部环境、他人或社会因素。

(2) 稳定-不稳定维度。个体把习得性无助感归因于永久稳定不变的因素,还是短暂不稳定可变的因素。

(3) 全局性-特殊性维度。个体把习得性无助感归因于能造成广泛性的失败后果,还是只是在某些特定场合和情况下会造成失败的后果。

学者们认为抑郁障碍患者对消极事件倾向于归因于内部-稳定-全局性,而对积极事件则倾向于归因于外部-不稳定-特殊性。

(三) 抑郁障碍患者社会认知和脑功能研究进展

随着科技的进步,社会认知神经科学学者在心境障碍的神经机制特性和社会认知及社会表现上已经取得了初步的研究成果。

1. 抑郁障碍患者的社会认知

研究初期,以 Brown、Scott、Bench 和 Dolan 为代表的学者认为认知障碍是抑郁障碍患者所固有的;后来,学者进一步研究认为抑郁障碍患者在认知、动作、交流和感知等方面皆表现出明显的障碍。例如,以 Veiel 和 Goodwin 为代表的学者认为抑郁障碍患者在很多认知领域存在障碍,学者们使用标准的神经心理学测试评估发现,抑郁障碍患者的认知障碍主要集中在注意力、行为抑制、记忆力、决策和计划等领域,而其中执行功能方面的障碍(执行功能是一切目的性行为所固有的,包括精神加工过程和外显行为活动。具体来说,首先是形成关于期待的目标或者活动结果的意识,然后采取有策略的行动计划来达到这一目标,同时抑制或延缓不当的行为反应以便做出最合适的行为动作,包含对注意力、计划、决策、抑制和记忆等一系列能力的信息整合,这些能力统称为执行功能。执行功能障碍,简单地说,就是在社交活动中做出相对优秀的表现所需要的认知过程方面的障碍)表现尤为突出。

目前学者已经证实抑郁障碍会干扰个体的执行功能,且这种干扰大部分以成年和老年抑郁障碍病患为主。也有学者发现,和躁狂症、药物滥用和人格障碍等其他种类的精神障碍一样,抑郁障碍患者也存在决策异常。学者们采用电脑化决策任务,研究成人抑郁障碍患者和处于抑郁障碍初期的青少年患者(即初期青少年抑郁障碍患者),实验任务是检测决策速度、决策质量和风险调整三个方面。研究发现,成人抑郁障碍患者的决策表现欠佳,主要是决策时间长,且更少采用反应性的下注策略。研究同时发现,这些成人抑郁障碍患者做出能够获得期望结果的决策能力较少受到损坏,这说明成人抑郁障碍患者能够对奖赏反应的可能性进行有效的编码,并据此做出决策。而初期青少年抑郁障碍患者的决策表现也欠佳,他们主要表现为不恰当的资源分配,且比成人抑郁障碍患者的表现更加糟糕,或者说初期青少年抑郁障碍患者的表现更加冲动。虽然冲动性是正常青少年区别于正常成年人的特点之一,但是也有学者认为冲动性是临床抑郁障碍的另一个非常重要的表现。

2. 抑郁障碍患者的神经基础

已有研究发现神经调节不仅反映天生的、自动的、难以认知的神经机制,也反映习得的、情境的、靠意识控制的神经机制。而抑郁障碍患者呈现一系列功能障碍,如决策、行为抑制和偏向等。

(1) 决策的神经基础

有关决策的神经基础研究主要涉及躯体标记假设、行为学研究和功能成像研究。研究发现,决策受到皮层和皮层下结构等大型系统的调节,其中腹内侧前额叶皮层/眶额叶皮层在决策中起到了重要的作用;特别是眶额叶皮层和用于指导目标导向行为的信息编码相关,当个体仅仅能依靠有限的背景信息做出决策时,眶额叶皮层的作用就会显得尤为重要;现有研究认为,它或许能通过和边缘结构大量连接,来帮助个体识别最优选择,并诱发和强化动机。

(2) 行为抑制和偏向的神经基础

诸多动物和人类神经心理学及成像研究学者发现,前额叶皮层的某些特定区域在需要抑制控制的任务中起到了至关重要的作用。也就是说,他们发现前额叶皮层的主要功能之一就是动作的抑制。尤其是眶额叶皮层在抑制控制和情绪控制中的作用尤为显著,这方面的证据主要来自脑损伤的实验研究,如研究发现,当猴子的眶额叶皮层受到损伤时,它们就表现出难以完成一些需要抑制占优势的行为倾向的任务。关于眶额叶皮层在情绪控制中的作用,证据主要是眶额叶皮层受损的患者会表现出情绪性行为和社会性行为的变化。具体来说,和控制组及诱发了悲伤情绪的正常被试相比,抑郁障碍患者的眶额叶皮层和腹内侧前额叶皮层存在激活程度方面的差异。

(四) 抑郁障碍研究展望

目前学者已经发现抑郁障碍会干扰成年和老年病患个体的执行功能。但青少年和儿童抑郁障碍病患的执行功能是否也受到影响,相关的研究依然在探索阶段,这方面是神经认知学者未来研究的方向之一。

已有研究发现初期青少年抑郁障碍患者比成人抑郁障碍患者表现出更多的冲动性,但因年龄特质的关系,这种冲动性是功能正常的还是功能异常的,目前尚未得知。未来的研究可在这方面进行探索,希望通过分离出在冲动性期待水平上的年龄、发育阶段等发展性效应,探讨抑郁因素在生命周期不同阶段对任务表现的影响。

已有研究发现抑郁障碍患者存在执行功能障碍等认知障碍,那他们是否在逆境体验的能力上也存在障碍呢? 这种认知障碍是否也会对患者的应对风格产生影响? 而应对风格的变化对抑郁障碍的持续和恶化是否有直接作用呢? 这几个方面的问题目前学者们依然不能确认,这也是未来抑郁障碍社会认知神经科学进一步深入研究的方向。

在孤独症和抑郁障碍的研究方面,社会认知神经科学已经取得了初步的研究成果,相信在不久的将来,相关研究将会在深化和细化方面继续有新的成果呈现给大众;而在网络成瘾研究方面,社会认知神经科学学者目前已经取得了可喜的研究成果,相关的研究成果让大众对网络游戏成瘾的成因、表现形式、改善途径、社会认知机制等方面有了更全面、更系统的理解。笔者团队在研究初期采用磁共振成像开展心理任务相关脑结构和脑功能方面的认知神经心理学研究,尤其是在进行尼古丁依赖的渴求冲动与调控有关的基础系统研究上,尝试进行了用以提高控制渴求冲动能力的神经信号实时反馈技术的应用性研究探索,并进一步就"爱情与成瘾"这个主题,进行了把脑科学研究延伸到社会心理领域的尝试,积累了相关的研究成果。此后,这个交叉领域被不断拓展,其中,有关网络游戏成瘾的研究是团队的重要研究方向之一,近些年也取得了不俗的研究成果。那么这些成果具体是什么呢? 社会认知神经科学学者眼里的网络游戏成瘾呈现什么样的特点呢? 他们是从哪些维度对网络游戏成瘾进行分析的呢? 结论又如何呢? 这些问题在本章第三节会给出解答。

第三节　研究特写:网络游戏成瘾的神经机制与治疗

随着网络游戏产业的发展,网络游戏成瘾已成为一种在全世界范围内都存在的较为严重的精神疾病,且在青少年中的流行率呈上升态势。据 2017 年的一项调查,中国有 5.54 亿网络游戏用户,其中约 7.5% 的玩家每天使用网络游戏超过 2 小时;2019 年,全世界约有 25 亿网络游戏玩家(statista.com,2019);截至 2021 年 6 月,中国网络游戏用户规模达 5.09 亿。网络游戏成瘾通常会伴有抑郁、焦虑、多动、精神分裂、社交恐惧等,对网络游戏成瘾的学生也会出现学业表现水平下降的问题。2013 年,美国精神病学协会(American Psychiatric Association,APA)在其编写出版的第 5 版《精神疾病诊断和统计手册》中,将网络游戏成瘾作为一种非物质成瘾写入该手册第三部分,并同时指出网络游戏成瘾要列为正式的诊断项目还需要更多的临床证据。2019 年,世界卫生组织在其发布的第 11 版《国际疾病分类》中,明确将网络游戏成瘾列为一种精神疾病。网络游戏成瘾这种疾病会对游戏玩家的大脑产生损伤,以下将分别从网络游戏成瘾者大脑奖赏系统的受损、大脑相关区域结构的变化和大脑相关区域功能的变化三个方面对网络游戏成瘾的神经机制进行探讨。

一、网络游戏成瘾者大脑奖赏系统的受损

与烟瘾等物质成瘾类似,网络游戏成瘾也会导致大脑中负责处理奖赏信息的环路受损。奖赏系统的核心环路是腹侧被盖区-伏隔核(ventral tegmental area-nucleus accumben,VTA-NAc)通路,但是杏仁核、丘脑、下丘脑、额叶皮层也参与奖赏行为的调控;此外,奖赏环路的重要组成部分还包括眶额皮层、前扣带回、腹侧纹状体、腹侧苍白球以及中脑多巴胺能神经元。当我们看到一个让自己喜欢或厌恶的东西的时候,我们的大脑就会以一个自上而下(top-down)的过程通过皮层-皮层下环路产生我们的"seek"(寻求)或"avoid"(逃避)行为,这就是"趋利避害"的神经生物学机制。

在网络游戏成瘾相关研究中,研究人员通常通过给网络游戏成瘾被试呈现网络游戏相关的线索(如视频片段、图片等)来诱发被试的游戏渴求反应,同时通过监测被试相关脑区的激活反应并与对照组的健康被试做比较,从而确定网络游戏成瘾人群的奖赏系统受损情况。总体来说,线索诱发的渴求反应所对应的脑区包括以下几部分:一是楔前叶区域,该区域与注意、视觉处理以及记忆提取有关,并可将上述功能整合从而将视觉信息与大脑已储存的信息进行联系。网络游戏成瘾被试在看到游戏相关线索时,楔前叶区域会表现出更高的激活程度。二是海马、海马旁回以及杏仁核等与记忆和情绪处理相关的区域,这些可以提供情绪记忆以及与线索相关的环境信息的区域在物质成瘾的研究中也表现出更高的激活水平。三是奖赏系统的关键区域,如边缘系统以及后扣带回区域,能够整合与动机相关的信息并对行为产生奖赏意义的期待;眶额皮层以及前扣带回区域负责产生游戏的欲望并可对线索相关的诱因产生特定水平的动机。四是负责执行控制功能的前额叶脑区,在线索诱发的渴求反应中,网络游戏成瘾被试表现出背外侧前额叶区域的显著激活。综上,网络游戏成瘾人群的奖赏系统因成瘾而出现受损特征,这一结果也与物质成瘾的相关研究结论类似。

在三项先后开展的功能磁共振成像研究中,Ko 和他的同事发现线索诱发的网络游戏成瘾者的神经机制与物质成瘾者相似。第一项研究比较了线索诱发条件下的网络游戏成瘾者与非成瘾者的脑区激活差异,结果表明,网络游戏成瘾者的右侧眶额皮层、右侧伏隔核、双侧前扣带回以及内侧额叶皮层呈现显著被激活;第二项研究则加了一个缓

解组（remission group），研究人员发现，网络游戏成瘾者双侧的背外侧前额叶、楔前叶、左侧海马旁回、后扣带回以及右前扣带回的激活程度都要显著高于非成瘾组，而且与缓解组相比，成瘾组在右背外侧前额叶以及左侧海马旁回表现出更高的激活水平；第三项研究将网络游戏成瘾与尼古丁成瘾共病群体作为实验组，共病实验组在被诱发吸烟渴求以及游戏渴求的情形下，前扣带回、双侧海马旁回均表现出比对照组更高的激活水平。国内也有学者做了类似研究，Sun 及其同事以网络游戏成瘾者为被试，使用功能磁共振成像的方法探究游戏线索诱发渴求的相关脑机制，结果表明相关脑区如两侧背外侧前额叶、扣带回、右顶下小叶等区域的激活均呈现显著增强，且激活水平与被试的渴求水平呈现显著正相关。此外，在物质成瘾中，随着成瘾程度的增强，成瘾者对于成瘾物质相关线索的处理会经历一个从前额叶到纹状体以及从腹侧纹状体到背侧纹状体的过渡。Liu 及其同事也通过功能磁共振成像的方法，验证了网络游戏成瘾群体在面对游戏相关线索时是否在腹侧纹状体和背侧纹状体间也存在这种功能的过渡。结果发现，与物质成瘾者一样，网络游戏成瘾者对于线索的处理反映在脑区上也呈现从腹侧纹状体到背侧纹状体的过渡，且背侧纹状体的激活程度与游戏成瘾的年限呈显著正相关。

二、网络游戏成瘾者大脑相关区域结构的变化

长时间、高强度地使用网络游戏会导致玩家大脑相关区域结构发生变化。Yao 等研究者通过文献综述发现，网络游戏成瘾者大脑的前扣带回、眶额皮层、背外侧前额叶以及前运动区的灰质体积均较健康人显著减少。He 及其同事于 2021 年发表了一项关于网络游戏大量使用者的大脑结构变化的研究成果。该研究以网络游戏大量使用者（每天玩游戏时间约为 3 小时）为被试，以期探究清楚在网络游戏成瘾的发展过程中大脑相关区域发生的结构变化。研究人员通过基于体素的形态学分析发现，与健康人相比，网络游戏大量使用者大脑双侧的腹内侧前额叶的灰质体积减少，尤其是右腹内侧前额叶以及左背外侧前额叶一直延伸到外侧额极的灰质体积减少尤为明显（图 4.3，附彩图）。基于形变的形态学分析也表明，与非游戏玩家相比，网络游戏大量使用者的右腹内侧前额叶灰质体积减少。皮层厚度分析显示，网络游戏大量使用者在一些脑区的皮层厚度方面比非玩家更薄，具体包括左腹内侧前额叶、双侧的背内侧前额叶以及左背外侧前额叶。脑沟深度分析表明，网络游戏大量使用者在右腹内侧前额叶区域的脑沟比非玩家更浅。这些结果说明网络游戏大量使用者在大脑前额叶区域的抑制控制功能发生退化，该区域的灰质体积以及皮层厚度可作为网络游戏成瘾发展过程中的一个观测指标。

上述关于网络游戏大量使用者的大脑前额叶区域的结构变化与已有网络游戏成瘾相关研究的结论也是一致的。成瘾行为通常源于掌管决策和冲动控制的腹内侧前额叶

及背外侧前额叶的功能受损。这些区域负责将躯体标记以及与奖赏和惩罚体验相关的价值信号进行整合,从而形成决策并对成瘾行为进行自我控制。这些区域的结构异常,如灰质体积减少、皮层厚度减小以及脑沟深度减小,会导致个体对预期结果的评估能力降低,最终导致冲动和成瘾等问题行为的产生。网络游戏大量使用者的前额叶脑区的结构变化与在物质成瘾以及饮食控制中的研究结论也相互印证,即对某种诱惑性行为的决策和自我控制的异常均与前额叶脑区的结构改变有关。

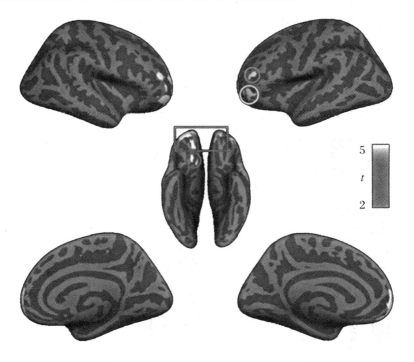

图 4.3 基于体素的形态学分析结果

注:右半球位于图的左侧,左半球位于图的右侧,红圈和红色长方形覆盖腹内侧前额叶,蓝圈覆盖背外侧前额叶,绿圈覆盖外侧额极。

有趣的是,有研究发现非专业游戏玩家的大脑前额叶区域的体积会有所增加,这可能是由非专业玩家在玩网络游戏的过程中进行的游戏技能训练引起的;但是这样的结果一般只在每周只玩 1 小时左右网络游戏的低水平玩家中存在,而在过度使用网络游戏的玩家中,其额叶区域包括双侧的背外侧前额叶、双侧眶额皮层、双侧前扣带回、右侧辅助运动区以及小脑的灰质体积相比健康人而言均显著减少。也就是说,随着游戏时间的增加,由游戏技能训练所引起的前额叶增大的部分会再次缩小,当玩家到了网络游戏成瘾的中后期阶段,其大脑前额叶区域的体积将显著小于健康人。因此,网络游戏的大量使用(时间为每天 3 小时左右)可以被作为决策能力和冲动控制能力减弱的一个指标或危险因素,这种能力的减弱可以发生在明显的成瘾症状出现之前。因此,在玩家从少量使用网络游戏发展为大量使用并最终演变为过度使用的过程中,每天 3 小时左右的游戏使用时间可以被教育工作者以及心理治疗师作为一个需要密切关注的警戒值,并适时地阻止玩家以防止其完全失控。

此外,He 等的研究结果还发现网络游戏成瘾者的左侧顶上小叶的厚度减小,而左侧顶上小叶对于视觉空间注意、视觉信息的动作反应等都具有重要作用,且特定脑区灰质厚度的减小,往往表明只需更少的神经元在更短的距离内进行信息传递,从而实现特定的脑区功能效率提升,因此该结果表明玩家的视觉运动技能在大量使用网络游戏之后得到了提升。有研究表明,顶上小叶的体积减少是与更高的注意力集中程度相关的,使用网络游戏时,需要玩家长时间集中注意力,因此网络游戏成瘾者的左侧顶上小叶的厚度很有可能比非玩家更薄。

除了前额叶以及左侧顶上小叶的结构变化,网络游戏成瘾者的纹状体尤其是负责奖赏预期功能的腹侧纹状体的体积相比健康人而言也显著减少;在静息状态下,网络游戏成瘾者的左侧顶上小叶(包括后扣带回)和右楔前叶、丘脑、尾状核、伏隔核、辅助运动区以及舌回之间的连接强度与网络游戏成瘾得分是显著相关的,也就是说,成瘾程度越深,该种连接的强度越强,而小脑与顶叶上回的连接则与成瘾得分呈负相关,即成瘾程度越深,此种连接强度越弱。Yuan 和其同事也通过磁共振成像的方法,研究了网络游戏成瘾者在大脑结构上的变化,结果发现成瘾者纹状体(包括尾状核和伏隔核)的体积比健康人显著增大,这也与在物质成瘾者中发现的结果一致;进一步的分析还表明,伏隔核的体积与成瘾得分显著相关,因此伏隔核的体积大小也可以作为网络游戏成瘾程度的一个生物指标。在 Yuan 等人的研究中,他们还发现网络游戏成瘾者背侧纹状体网络和腹侧纹状体网络内部的静息功能连接与健康人相比存在异常,且异常的功能连接也与成瘾者认知控制功能的受损相关。具体而言,尾状核到背外侧前额叶之间以及伏隔核到眶额皮层之间的静息态功能连接强度减弱,导致网络游戏成瘾者在执行认知控制功能时出现更多的错误。网络游戏成瘾者的额叶纹状体环路的静息态功能连接的异常模式也再次证明网络游戏成瘾与物质成瘾具有相似的神经机制。

三、网络游戏成瘾者大脑相关区域功能的变化

网络游戏成瘾者的大脑在结构上与正常人相比存在异常变化,但结构上的差异并不能代表功能上的差异。因此研究人员也对网络游戏成瘾者的大脑相关区域的功能进行了研究。

Turel 与同事通过线索任务和磁共振成像分析考察了网络游戏成瘾组和正常组在大脑功能上的差异。该研究还重点关注了成瘾组的脑岛皮层功能,因为脑岛皮层主导了大脑的内感受意识系统,能够在游戏奖赏剥夺状态下感受到躯体信号并将其转换成主观欲望,从而可能在奖赏系统和抑制控制系统之间构建某种平衡。在线索任务中,研

究人员给被试呈现一些与游戏相关的视频和一些与游戏无关的控制视频,结果发现,与正常组相比,游戏视频引起网络游戏成瘾被试更强的腹侧纹状体的激活以及更弱的左侧额叶和背外侧前额叶的激活,并且被试的网络游戏成瘾得分与右腹侧纹状体的活动呈正相关,与右背外侧前额叶的活动呈负相关,这些结果说明在网络游戏成瘾者的大脑中,玩网络游戏已经变得越来越自动化并且与长期动机产生分离。该研究还发现在游戏剥夺状态下以及游戏线索呈现条件下,成瘾被试的左侧脑岛区域的活动增加,这一点与在物质成瘾研究领域中的发现也是一致的。进一步的心理生理交互分析(psychophysiological interaction,PPI)表明,在游戏剥夺状态下,与观看控制视频相比,成瘾组在观看游戏相关视频时,左侧脑岛的激活程度与左腹侧纹状体的活动呈正相关,而与左背外侧前额叶的活动呈负相关,这表明脑岛在网络游戏成瘾者大脑中起到了平衡奖赏系统和控制系统的作用(图 4.4,附彩图)。

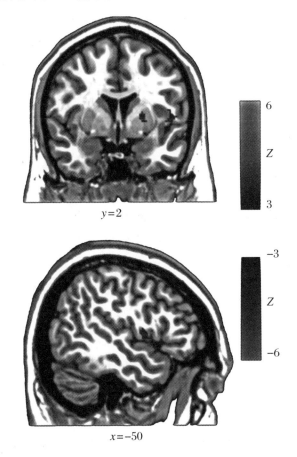

图 4.4 心理生理交互分析(PPI)结果

注:红色区域表示左侧脑岛与腹侧纹状体的耦合增强,蓝色区域表示左侧脑岛
与左背外侧前额叶的耦合减弱;图的上半部分左侧对应大脑右侧。

Z 表示不同条件下的激活程度差异。

前文已提到网络游戏成瘾者的抑制控制功能会发生退化,这在他们的大脑相关区域的功能上也有所体现。与正常人相比,网络游戏成瘾者会在前、后扣带回出现更强的斯特鲁普效应(Stroop effect,指优势反应对非优势反应的干扰)相关的活动,表明其反应抑制能力出现了弱化。网络游戏成瘾者也会在有游戏背景图片呈现的情况下完成Go/Nogo(心理学研究中的 Go/Nogo 范式是通过呈现一系列刺激,要求被试对特定刺激做出反应(Go),而对其他刺激抑制反应(Nogo)来进行的)任务时表现出更高的错误率,其大脑中负责认知控制和注意力分配的背外侧前额叶区域以及顶上小叶区域的活动缺乏,从而导致成瘾者的反应抑制功能受损;除此之外,网络游戏成瘾者在执行Go/Nogo任务时,在大脑右侧辅助运动区和前辅助运动区表现出比正常组更低的激活水平,并且网络游戏成瘾者在进行反应抑制任务时还会在大脑左侧眶额叶和双侧尾状核表现出更高的激活水平,为了在反应抑制任务中保持较高准确率会在额叶-纹状体网络表现出更高的激活水平。与健康人相比,网络游戏成瘾者在评价奖赏信息以及进行"冷执行"任务时,在前后扣带回皮层、尾状核、后额下回等区域均表现出激活过度;而在进行奖赏预期以及奖赏满足阶段的信息处理时,后脑岛、躯体运动皮层、躯体感觉皮层则表现出激活不足,进行"热执行"任务时,前额下回的激活水平也不够。

此外,还有学者专门对青少年网络游戏成瘾者的大脑功能变化做了相关研究。Ding 及其同事以青少年网络游戏成瘾者为被试,同样要求被试进行了 Go/Nogo 任务,结果发现被试在 Nogo 的试次中,左额上回内侧、右前扣带回、右额上回、右额中回、左顶下叶、左中央前回、左楔前叶和楔叶区域的激活水平要显著高于正常组,而双侧颞中回、双侧颞下回以及右侧顶上小叶的激活水平则显著低于正常组。因此,前额叶皮层的功能受损或与网络游戏成瘾者的高冲动型特征相关,并能引起认知控制能力的失调,从而导致网络游戏成瘾的进一步发展;在青少年和成年网络游戏成瘾者中,反应抑制能力的弱化是与额叶-基底神经节通路的活性降低相关的。另一项以青少年网络游戏成瘾者为被试的研究发现,与健康对照组相比,网络游戏成瘾者的冲动性量表得分与特定脑区灰质体积的相关性降低,这些脑区包括右背内侧前额叶、双侧脑岛、眶额皮层、右侧杏仁核以及左侧纺锤回;而在健康对照组中,这些区域的灰质体积是与被试冲动性量表得分显著相关的。因此,上述负责行为抑制、注意以及情绪调控的脑区功能的失调可能导致了青少年网络游戏成瘾者的冲动控制问题。一项综述性研究表明,青少年网络游戏成瘾者在负责认知控制功能的前额叶区域、负责注意和自我认知的颞顶联合区以及与情绪调控和奖赏处理相关的额叶边缘和皮层下区域均发生了功能上的改变;与健康青少年相比,网络游戏成瘾青少年大脑中的认知控制网络(主要是额顶区域)和情感网络(包括皮层下和边缘系统)之间存在功能上的失衡。该综述研究还重点对静息态磁共振研究结果做了梳理,结果见表 4.2。

表 4.2　网络游戏成瘾青少年静息态磁共振研究汇总

作者和时间	方　　法	结　　　　论
Ding 等,2013	与后扣带回的功能连接	IGA：↑FC 顶叶小脑；内侧颞叶 IGA：↓FC 双侧下顶叶；右颞下回
Hong 等,2015	与纹状体的功能连接	IGD：↓FC 背壳核 后脑岛；顶叶岛盖
Han 等,2017	功能连接	IGA：↑FC(七个区域之间) 左侧前眼动区/背侧前扣带回； 左侧前眼动区/右侧前脑岛； 左背外侧前额叶/左颞顶联合区； 右背外侧前额叶/右颞顶联合区； 右听觉皮层/右运动皮层； 右听觉皮层/辅助运动区； 右听觉皮层/背侧前扣带回
Park 等,2017	图论分析	IGA： 更高冲动性； 更高全局效能； 额叶区域更低的局部效能
Wang 等,2015	半球间镜像同伦功能连接	IGD：↓左半球和右半球之间 额上回； 额下回； 内侧额回
Han 等,2018	认知行为干预前后的功能连接和低频振幅	1. fMRI IGD：↑低频振幅 双侧壳核； 右内侧眶额皮层； 双侧辅助运动区； 左侧中央后回； 左侧前扣带回 IGD：↓FC 左内侧眶额皮层/左侧壳核 2. fMRI IGD：↓低频振幅 左上眶额皮层； 左侧壳核 IGD：↑FC 左上眶额皮层/左侧壳核

续表

作者和时间	方　　法	结　　　论
Kang 等,2018	情绪干预前后的功能连接	1. fMRI IGD：↓FC 左侧杏仁核 　左侧上顶叶； 　左侧额上回 IGD：↓FC 右侧杏仁核 　左侧顶楔前叶 2. fMRI IGD：↑FC 左侧杏仁核 　左侧眶额回 IGD：↑FC 右侧杏仁核 　右侧胼胝体
Hwang 等,2020	比率低频振幅和功能连接	IGD：↑FC 从左侧扣带回种子区到豆状核 负相关：奖赏环路的 FC 与成瘾量表得分 正相关：奖赏环路的 FC 与家庭环境量表得分
Kwak 等,2020	对 IGD 和职业玩家进行长达一年的观察研究；研究前后的两组比率低频振幅和功能连接	1. fMRI 　无差异 2. fMRI IGD：↑比率低频振幅 　左侧眶额皮层 　顶叶脑回
Lee 等,2020	功能连接	IGD： 　↑FC 后颞上沟与突显网络 　↓FC 后颞上沟与默认网络 正相关： 　后颞上沟与突显网络间的 FC 和网络游戏成瘾程度

注：↑表示增强；↓表示减弱；IGD/IGA 为网络游戏成瘾组；FC 为功能连接；fMRI 为功能磁共振成像。

四、网络游戏成瘾的治疗

在网络游戏成瘾的治疗研究中,有药物干预、物理干预以及行为认知干预三种方法。

药物干预主要是通过给网络游戏成瘾者服用抗抑郁的药物(如安非他酮),如 Han 及其同事在网络游戏成瘾者中首次使用了安非他酮,经过 6 周的治疗,网络游戏成瘾者对于网络游戏的渴求水平以及在面对游戏线索时大脑背外侧前额叶区域的激活程度均显著降低,且渴求水平与背外侧前额叶的激活程度呈显著正相关。

物理干预主要是对大脑相关区域进行经颅直流电刺激(transcranial direct-current stimulation,tDCS)的干预,有研究通过 tDCS 对网络游戏成瘾者的背外侧前额叶皮层进行了 12 次刺激,结果发现网络游戏成瘾者的网络游戏成瘾程度显著降低并且右侧额下回区域的葡萄糖代谢水平比干预前增加了 8.9%,说明 tDCS 的干预方式通过调控前额叶区域的活动降低了网络游戏成瘾者的成瘾程度。此外,Lee 等也同样以背外侧前额叶区域为靶点,使用 tDCS 对网络游戏成瘾者进行了干预,经过 10 次治疗后发现,对左背外侧前额叶施加的阳极刺激降低了左顶叶皮层的 γ 波绝对功率,因此对背外侧前额叶进行多次的 tDCS 干预可以改变网络游戏成瘾者的大脑静息态快波活动。

尽管在网络游戏成瘾的治疗中,药物干预和物理干预均能起到一定效果,但已有的相关研究也存在一些不足,如样本量偏小、药物的副作用、安慰剂效应等,因此行为认知干预的方法也在网络游戏成瘾的干预领域中得到使用,其中最为常用的是线索暴露疗法(cue exposure therapy,CET)。

CET 是基于 Pavlov 的经典条件反射理论提出的,即条件刺激与能引发非条件反应的非条件刺激重复配对呈现,直到单独呈现条件刺激就可以直接引发类似于非条件反应的条件反应,从而建立条件反射;而 CET 的目的是将成瘾性线索(条件刺激)与渴求等生理反应(条件反应)间的联系切断,因为在成瘾相关的真实体验缺失的情况下,条件刺激在与条件反应经过多次联结之后,由条件刺激引发的条件反应会逐渐减弱乃至消失,从而使得网络游戏成瘾者再次面对成瘾性线索时,与渴求相关的条件反应被暂时性抑制,因而不会再产生强烈的渴求反应。CET 自 20 世纪 80 年代以来就一直在物质成瘾的领域中得以广泛应用并被证实是有效的,但是 CET 的效果也会受到诸如自然恢复(spontaneous recovery)、续新(renewal)、重建(reinstatement)以及具体线索的选用是否恰当等因素的影响。尽管有些研究在传统 CET 的基础上进行了些许调整,如考虑了上述几个影响因素、被试个体差异以及融入虚拟现实技术和药物增强手段等,但 CET 的效果与其他干预方式相比也并未表现出明显优势。值得一提的是,CET 在与网络游戏成瘾同属于非物质成瘾的赌博成瘾干预中,取得了较好的效果,有研究证实 CET 可成功降低被试的赌博渴求并减少其赌博行为。在一项基于 CET 进行的网络游戏成瘾干预的研究中,研究人员以网络游戏中的叙事性内容为素材,编写了旨在降低被试成瘾程度并提升其语言能力的课程教材,在经过两个月的训练后,实验组的网络游戏成瘾者的游戏时间显著减少,但组间效应并不显著。

鉴于传统 CET 范式在成瘾干预研究中的效果不甚理想,有研究对传统 CET 进行了改进,即在成瘾相关线索重复暴露的阶段之前,通过成瘾线索呈现的方式增加一个成瘾记忆提取的步骤,因此这种改进了的范式被称为记忆的"提取-消退"范式。记忆的"提取-消退"范式对于涉及经典条件反射(如网络游戏成瘾者看到网络游戏相关的线索就会产生渴求反应)的记忆的更新具有较好效果。当成瘾记忆被提取之后,会经历一个记忆再巩固的过程,这个再巩固的时间窗是有限的(一般为 2 小时),并且在记忆再巩固的时间窗之内,记忆是不稳定的,因此易于在此时间窗内通过行为干预对记忆进行修改或更新;而消退就是在再巩固的时间窗之内,多次重复呈现能引起条件反应的条件刺激,使得条件刺激与条件反应间的连接趋于中断,最终不再产生条件反应,从而达到更新记忆的效果。因此,用记忆的提取-消退范式干预方式对成瘾记忆进行了更新之后,当网络游戏成瘾者再次接触到与成瘾物质相关的线索时,成瘾物质所诱发的奖赏性记忆已被更新,不再产生强烈的渴求。与传统 CET 相比,记忆的提取-消退范式不是机械地抑制成瘾记忆,而是将成瘾的奖赏性记忆进行了更新,因此具有更大的应用价值。

近期一项干预研究采用了记忆的提取-消退范式对吸烟成瘾人群的成瘾奖赏性记忆成功进行了更新。实验招募 88 位吸烟成瘾且有意愿戒烟的成瘾者为被试,研究人员将被试随机分为两组,对实验组被试进行了成瘾记忆的提取-消退训练;对照组的实验流程与实验组一致,不同的是在记忆的提取阶段使用的材料是与吸烟行为无关的中性内容的视频,即实际上与吸烟成瘾相关的奖赏性记忆并未被提取。因而尽管对照组也接受了同样的消退训练,但与成瘾相关的奖赏性记忆只是被抑制,并未被更新。实验结果显示,经过对成瘾记忆的更新,实验组在干预后对于吸烟相关线索的渴求反应水平显著低于对照组(干预结束后第 30 天测量),并且在吸烟行为上,实验组在干预后的吸烟量也显著少于对照组(分别在干预结束后的第 14 天和第 30 天两次测量)。因此该研究通过记忆的提取-消退范式从心理渴求水平和吸烟行为两个指标上对烟瘾成功进行了治疗,并且这种干预方式具有传统 CET 无法比拟的耗时短、效果稳定性强等优势。鉴于网络游戏成瘾在神经机制上与香烟等物质成瘾有较多的相似之处,因此记忆的提取-消退范式在网络游戏成瘾干预研究中有较大的潜在应用价值。笔者于 2022 年发表的一项研究成果表明,记忆的提取-消退范式可成功降低网络游戏成瘾者的由游戏线索诱发的渴求水平,并且效果可以持续长达 3 个月;同时网络游戏成瘾者在接受干预后对于金钱奖赏的反应相较控制组而言也更为敏感。

第五章　压力与健康

第一节　负性生活事件

在高速发展的社会,大部分社会人生活在充满压力的生活环境中。诸多研究发现,长时间暴露于压力的状态下,个体的健康会受到严重挑战,最终导致多种身体疾病的产生。这主要是因为当个体经历持续的各种压力事件时,身体会出现伴随压力的生理变化,如血压升高、血糖含量升高、呼吸加速等,持续的生理变化会使整个身体的生理系统受到损害,这就为疾病的入侵提供了便利。而负性生活事件是个体日常压力的主要压力源。

一、负性生活事件的定义

负性生活事件是指人一生中经历的重大不幸事件,包括学习、工作、婚姻、人际关系及其他生活中的问题,以及幼年时的创伤性刺激等。相对于正性生活事件,不愉快的负性生活事件会使个体产生更大的心理压力和躯体反应症状,使个体更容易产生消极负面的认知评价,进而产生悲伤、愤怒、焦虑和抑郁等负性情绪。长久处于负性生活事件中的个体,身心易处于压力应激状态,进而影响机体的免疫功能,使机体对疾病的监视和抵抗能力逐步下降,最终导致心身疾病的发生。日常生活中,有的人可能对于生活事件对自我的影响没有清晰的判断,可采用生活事件量表考察生活事件对个体的影响,具体见表5.1。

生活事件量表(life events scale,LES)有多个版本,这里介绍杨德森、张亚林1986年编制的生活事件量表。生活事件量表属自评量表,填写者首先将某时间范围内(通常为一年内)的事件记录下来。记录正性生活事件、负性生活事件,共含有48项我国较常见的生活事件,包括3个方面的问题:家庭生活方面(28条)、工作学习方面(13条)、社交及其他方面(7条)。生活事件量表适用于16岁以上的正常人、神经症、心身疾病、各种躯

体疾病患者以及自知力恢复的重性精神病患者,主要应用于:

(1) 神经症、心身疾病、各种躯体疾病及重性精神疾病的病因学研究。

(2) 指导心理治疗、危机干预,使心理治疗和医疗干预更有针对性。

(3) 甄别高危人群,预防精神疾病和心身疾病,对高危人群加强预防工作。

(4) 指导正常人了解自己的精神负荷,维护身心健康,提高生活质量。

表5.1所示为每个人都有可能遇到的一些日常生活事件,究竟是好事还是坏事,可根据个人情况自行判断。这些事件可能对个人有精神上的影响(体验为紧张、压力、兴奋或苦恼等),影响的轻重程度各不相同,影响持续的时间也不一样。一般性事件如失窃、流产等要记录次数,长期性事件如夫妻分居不到半年记1次,超过半年记2次。请你根据自己的情况,实事求是地回答下列问题,而不是按常理或伦理道德观念去判断那些经历过的事件对本人来说是好事或坏事。填表不记名,安全保密,请在最合适的答案上打钩。对于表上已列出但并未经历的事件应一一注明"未经历",不能留空白,以防遗漏。

表 5.1　生活事件量表

生活事件名称	事件发生时间				性质		精神影响程度					影响持续时间				发生次数
	未发生	一年前	一年内	长期性	好事	坏事	无影响	轻度	中度	重度	极重	三月内	半年内	一年内	一年以上	
如房屋拆迁			✓			✓		✓				✓				1
家庭有关问题																
1. 恋爱或订婚																
2. 恋爱失败、破裂																
3. 结婚																
4. 自己(爱人)怀孕																
5. 自己(爱人)流产																
6. 家庭增添新成员																
7. 与爱人父母不和																
8. 夫妻感情不好																
9. 夫妻分居(因不和)																
10. 夫妻两地分居(工作需要)																
11. 性生活不满意或独身																

生活事件名称	事件发生时间				性质		精神影响程度					影响持续时间				发生次数
	未发生	一年前	一年内	长期性	好事	坏事	无影响	轻度	中度	重度	极重	三月内	半年内	一年内	一年以上	
12. 配偶一方有外遇																
13. 夫妻重归于好																
14. 超指标生育																
15. 本人(爱人)做绝育手术																
16. 配偶死亡																
17. 离婚																
18. 子女升学(就业)失败																
19. 子女管教困难																
20. 子女长期离家																
21. 父母不和																
22. 家庭经济困难																
23. 欠债500元以上																
24. 经济情况显著改善																
25. 家庭成员重病、重伤																
26. 家庭成员死亡																
27. 本人重病或重伤																
28. 住房紧张																
工作、学习中的问题																
29. 待业、无业																
30. 开始就业																
31. 高考失败																
32. 扣发资金或罚款																
33. 突出的个人成就																
34. 晋升、提级																
35. 对现职工作不满意																

续表

生活事件名称	事件发生时间				性 质		精神影响程度					影响持续时间				发生次数
	未发生	一年前	一年内	长期性	好事	坏事	无影响	轻度	中度	重度	极重	三月内	半年内	一年内	一年以上	
36. 工作、学习压力大（如成绩不好）																
37. 与上级关系紧张																
38. 与同事、邻居不和																
39. 第一次远走他乡（异国）																
40. 生活规律重大变动（饮食、睡眠规律改变）																
41. 本人退休、离休或未安排具体工作																
社交及其他问题																
42. 好友重病或重伤																
43. 好友死亡																
44. 被人误会、错怪、诬告、议论																
45. 介入民事法律纠纷																
46. 被拘留、受审																
47. 失窃、财产损失																
48. 意外惊吓，发生事故、自然灾害																
如果您还经历过其他的生活事件，请依次填写																
49.																
50.																

正性生活事件值：

负性生活事件值：

总值：

家庭有关问题：

工作、学习中的问题：

社交及其他问题：

计分及解析:生活事件量表评分时须考虑到事件影响程度、事件持续时间以及事件发生次数等因素。一次性的事件如流产、失窃,要记录发生次数;长期性事件如住房拥挤、夫妻分居等,不到半年记为 1 次,超过半年记为 2 次。影响程度分为 5 级,从毫无影响到影响极重分别计 0、1、2、3、4 分,即无影响=0 分,轻度=1 分,中度=2 分,重度=3 分,极重=4 分。影响持续时间分三个月内、半年内、一年内、一年以上共 4 个等级,分别计 1、2、3、4 分。

生活事件刺激量的计算方法:

(1) 某事件刺激量:该事件影响程度分×该事件持续时间分×该事件发生次数。

(2) 正性生活事件刺激量:全部好事刺激量之和。

(3) 负性生活事件刺激量:全部坏事刺激量之和。

(4) 生活事件总刺激量:正性生活事件刺激量+负性生活事件刺激量。

总分越高反映个体承受的精神压力越大。负性生活事件的分值越高,对身心健康的影响越大;正性生活事件分值的意义尚待进一步的研究。另外,还可以根据研究需要,按家庭问题、工作学习中的问题和社交问题进行分类统计。一般来说,95%的个体在一年内的总分不会超过 20 分,99%的个体不会超过 32 分。

二、负性生活事件对个体健康的影响

(一) 负性生活事件影响个体的自主神经系统

自主神经系统是内脏神经纤维中的传出神经,也称自律神经。自主神经系统很大程度上是无意识地调节身体机能,如心脏搏动、呼吸速率、消化、血压、瞳孔反应、新陈代谢等性命攸关的生理功能。自主神经功能紊乱是心身疾病的重要表现之一。从病因上来说,自主神经功能紊乱主要是个体的精神因素引起的大脑轻度功能障碍及脏腑的功能紊乱。负性生活事件作为主要的不良精神因素的压力源,它的长期存在会使得个体的自主神经系统总是处于紧张的状态,从而出现"非线性剂量依赖行为",即行为的效应随着行为时间的延长而改变,最终导致心理和生理参数产生持续的改变,从而使个体的身体沿着不同的路径朝着紊乱的方向倾斜。

(二) 负性生活事件影响大脑

众所周知,大脑是人体的"司令部",成人的大脑重约 1.5 千克。虽然大脑仅占体重的 2%左右,但因其结构复杂,功能异常强大,至今人类对它依然知之甚少。在学术界,有关精神心理对大脑微观结构影响的研究并不在少数。例如,作为大脑信息传递的基本单元——突触丧失和功能连接缺陷一直被认为与抑郁障碍和创伤后应激障碍相关症状有密切关联;美国纽约州立大学石溪分校精神心理科的专家也曾提出"压力性生活事件会影响大脑结构"的假设。为了从微观角度证实以上假设,耶鲁大学 Sophie E. Holmes 等学者通过实验发现突触囊泡糖蛋白 2A(synaptic vesicle glycoprotein 2A,SV2A)可用于指示神经末梢的数量,这是对突触密度的间接估计。在该研究中,研究人员使用带有 SV2A 放射性配体[11 C]UCB-J 的正电子发射体层成像(PET)来分别评估 26 名患有抑郁障碍、创伤后应激障碍或抑郁障碍合并创伤后应激障碍且未服药患者的突触密度。结果显示,抑郁症状的严重程度与 SV2A 密度呈负相关;且与健康对照组相比,重度抑郁障碍患者的 SV2A 密度更低,提示抑郁会使脑内突触密度降低,这种降低与抑郁的严重程度呈正相关。同时,头颅磁共振成像(magnetic resonance imaging,MRI)功能连接分析提示 SV2A 密度也与大脑异常网络功能相关,具体如图 5.1(附彩图)所示。

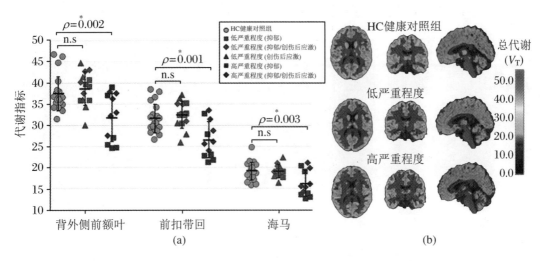

图 5.1 与健康被试相比,抑郁程度严重的患者 SV2A 密度更低

注:n.s 表示不显著。

另外也有科学家研究发现,大脑微观结构的变化也可以反过来用来预测精神心理障碍的发生及严重程度。Elizabeth A. Bartlett 等学者对 232 名青春期女孩(平均 15.29 ± 0.65岁)进行了最近 9 个月生活事件压力评估并行头颅 MRI 扫描,随后进行为期 3×9 个月的随访,以前瞻性地评估焦虑症的发生情况。结果显示,近期生活压力负担较大与左侧楔前叶、左侧中央后回皮层厚度变薄以及左侧额上回和右顶下小叶体积较小有关。在校正了先前焦虑情绪的前提下,随访期间左楔前叶厚度可用于预测 27 个月时的焦虑情况发生。其中,左侧楔前叶皮质厚度可以解释压力和焦虑情绪之间关联的 17.0%。由此可见,抑郁严重程度可通过额/顶叶等与压力有关的皮质形态改变来进行预测,提示压力相关大脑结构变化有望成为精神心理疾病的前瞻性生物标志物,具体如图 5.2 所示。

加州大学伯克利分校和加州大学旧金山分校的科学家曾提出假说,杏仁核和海马的髓鞘形成在精神疾病中发挥作用,其会影响人类对包括创伤后应激障碍(post-traumatic stress disorder,PTSD)、焦虑、抑郁在内的不同应激诱导行为的易感性。为此,Kimberly 等科学家开展了相关研究,该研究分为动物和人类两个方面。首先,研究人员利用多变量方法来描述暴露于单一急性、严重的应激源创伤的大鼠的整体和局部脑域的特异性行为学变化,并对海马、杏仁核和胼胝体中的少突胶质细胞发生进行了微观结构分析。然后,尝试观察在没有应激暴露的情况下,改变海马内的少突胶质细胞含量是否足以诱发行为变化。另外,他们也对 38 名美国退伍军人(有无创伤后应激障碍各半)进行 MRI T1/T2 加权图像分析,重点分析了包括杏仁核、海马及相关特定脑域的数据。结果显示,在所谓的"灰质"中,遭受急性应激事件的大鼠轴突的髓鞘化明显增强。退伍军人的 MRI 分析结果也显示,与没有患创伤后应激障碍的军人相比,患创伤后应激障碍的军人大脑灰质中的髓鞘显著增加。

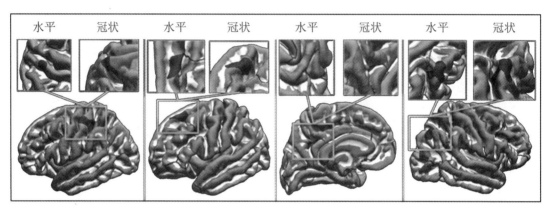

(a) 近期生活压力与皮层结构的4个不同区域有关

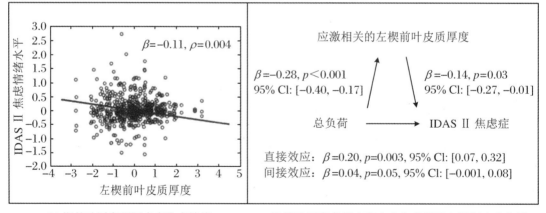

(b) 楔前叶厚度预测未来焦虑情绪 (c) 楔前叶厚度在压力和未来焦虑情绪之间起中介作用

图 5.2 基于影像学测量结果,脑叶厚度在压力和焦虑情绪之间的关系

进一步对大鼠不同脑域及相关行为学表现分析发现,表现出回避和焦虑行为的大鼠主要表现为海马,尤其是齿状回(学习记忆相关脑域)的髓鞘化增加,而表现出恐惧反应的老鼠在杏仁核(情绪刺激与情感调节脑域)中的髓鞘增加。研究人员认为,该研究结果提供了一种可能的解释,即极端创伤导致髓鞘增生。

综上所述,这些发现共同强调了负性生活事件对大脑的消极影响,如脑内白质及突触等结构在抑郁障碍和心理障碍疾病发生发展过程中都会发生相应的变化,反过来这些变化也是对近期压力和生活负担的反映。更重要的是,这些研究结论都表明,对脑内微观结构的测量或许有望作为情绪失调、精神心理疾患的客观标记。未来,精神科医生有望通过相应指标的监测明确病情干预的有效性,从而进一步提高患者的生活质量。

(三)负性生活事件影响机体细胞分化

现在普遍认为,社会紧张刺激引起的恶劣情绪可以削弱机体免疫、监视功能和免疫杀伤机制,使机体每天都可能产生的突变细胞难以清除,最终危及机体健康。究其原因是作为复杂生命体的人类身体,是通过繁殖和死亡来对每种细胞的数量进行平衡的,且每个细胞的分裂和分化过程都受控于大脑。当个体受到外界环境不良的精神刺激时,就会产生一种强烈的"生气"和"委屈"的情绪(临床可能表现为气憋、胸闷、喉咙堵塞、脸色苍白、头晕头痛、四肢冰冷,甚至身体局部出现不自主的颤抖等),如果这种情绪没有得到及时疏导,而是因各种原因被压抑,被闷在心里,人体就会出现受阻,引起全身性的内痉挛。主要过程首先是呼吸中枢抑制,从而使得肺动脉及肺血管收缩,肺泡通气不足及养分降低,氧的运输和对脑细胞的分压弥散受阻,同时又由于脑血管痉挛收缩,血流量减少,微循环受阻,更加重了脑细胞的缺氧(脑约占身体总重的2%,其血流量和耗氧量约占全身供血量和耗氧量的1/5)。随着精神刺激强度的逐渐加大、时间的延长,脑细胞的缺氧程度会随之加大,一旦超过脑细胞所能承受的缺氧值,就会使部分脑细胞发生缺氧性休克而导致功能减退,对体细胞分化、繁殖、新陈代谢调节失控,引起遗传密码及遗传生物钟的改变,以及时间基因的突变,使正常的细胞不断变异而产生癌细胞,打破身体的健康状态。

(四)与负性生活事件相关的具体疾病——肿瘤

自20世纪50年代开始,诸多心理学家和医学家开始探寻生活压力与身体疾病之间的关系。通过不懈的研究,他们发现生活压力与身体疾病之间存在高度相关,换句话说,他们认为承受较大压力可能是"致命的"。在众多生活压力和疾病相关关系的研究中,以华盛顿大学 T. H. Holmes 和 R. H. Rahe 的研究最为知名,他们发现"生活中的压力越多、越重,后期生病的概率就会越大"。总之,诸多的研究发现,生活压力对身体健康所造成的伤害远远超过我们的想象,它不但会引发心脏病和肿瘤,还会引发失忆症、免疫系统功能减退,以及特殊的肥胖症,压力可以称为身心健康的"隐形杀手"。

肿瘤发病率较高、疾病进程较快、死亡率较高,是对生命有巨大威胁的三大疾病之

101

一。虽然人类与肿瘤的斗争已经持续了很长时间,但是时至今日,我们依然不十分了解肿瘤的发病原因和生理机制。不过学者们普遍认为除了理化因素,病毒、慢性感染、遗传、药物、激素乃至年龄都被证实是肿瘤的病因,心理社会因素与肿瘤的发展有不可忽视的密切关系。诸多临床实践也得出了同样的结论:有调查发现,在肿瘤发生前,患者大多发生过极度悲伤的突发事件;Leshen 综述了 1902—1957 年的 75 篇有关文献,认为忧郁、失望和难以解脱的悲哀是肿瘤的先兆;据统计,约 81.2% 的肿瘤患者在患病前遭受过如配偶死亡、夫妻不和、工作学习压力大、生活规律重大改变、子女管教困难、夫妻两地分居等负性生活事件的打击。Greene 的研究也认为,个体肿瘤发生前半年左右的时间,大多发生过生离死别的忧郁、悲伤和焦虑。有学者对 51 名可疑宫颈癌的妇女调查发现:18 名妇女中因亲人死亡半年后真正发展为宫颈癌者有 11 名,约占 61%;其余的 33 名中仅有 8 名患了宫颈癌,只占 24%。姜乾金通过临床对照调查分析发现,在肿瘤患者发病史中,家庭不幸事件、过度的工作学习状态和人际关系不协调等生活事件有重要参考意义。北京医科大学(现为北京大学医学部)和中国科学院心理研究所通过调查也得到了完全一致的结论。

三、负性生活事件中导致压力倍增的因素

生活中,个体都会有这样的体会,某些负性生活事件总是比另外一些负性生活事件更容易引起压力,或者换句话说,某些负性生活事件会让压力翻倍,那这些让压力翻倍的负性生活事件都有什么共同的特点呢?

(1)相对于通过自己的努力或者通过自己的积极调整可以使事情得以解决或者得以缓解的事情,那些完全无法解决的事情,尤其是个体通过各种努力依然完全无法解决的事情,会让个体感受到更多的压力。因为自己完全无力解决的事情会让个体除了感受到压力之外,也感受到对自己无能的悲伤和恐惧。

(2)相对于个体已经能预测、曾经预想甚至多次演练试验过应对方案的事情,那些突然发生、完全不可控、不在个体曾经的预想方案中的突发事件,让个体对其没有适应机会和应对方式的事件,会让个体感受到更多的压力。因为不可控这个特征会让个体产生更多的压力和对事件未来的发展感到恐慌。

(3)相对于那些事实清楚明了,原因、过程和结果一目了然的事情,那些模棱两可、事实不清、原因不明、结果未知的事情更容易让个体产生压力。因为人都有意识、有思维,会对模棱两可的事情产生更多的猜测和预想,反而会陷入思维的死胡同之中。

第二节　知觉压力与健康

17 世纪,英国物理学家 Robert Hooke 基于描述"施加在物体上的应力(stress)和它的结果——应变(strain)之间的关系"提出了胡克定律。20 世纪 30 年代,加拿大医生 János Hugo Bruno 等基于胡克定律提出了"压力"的第一个定义。Hugo 认为压力意味着自身的原因和结果。根据英国健康与安全执行委员会的数据,2017—2018 年,所有病假事由中有 57%是源于压力、抑郁或焦虑。

一、知觉压力

(一)知觉压力的界定

知觉压力是个体对发生于周围环境或自身的事件进行认知评价后形成的心理反应,是大脑对于外界事物反应并进行组织加工的过程。简单来说,知觉压力就是个人对外界事物的主观反应。研究发现,个体长期暴露于压力事件中会表现出更少的亲社会行为,在解决自我日常情况下能解决的任务时也会因压力的持续而产生无法完成任务的现象;另外,压力不但会导致机体的劳损,也会导致情绪的忧伤、低落甚至绝望,严重损害身心健康,尤其是慢性的压力对人的健康损害程度尤甚。随着研究的深入,学者们发现知觉压力也存在个体差异;其影响程度主要取决于个人对压力事件的知觉和评价,知觉压力越大,焦虑、抑郁、悲伤、绝望等负性心理越严重。日常生活中,我们也会发现,面对同样的事件时,不同的人的心理感受并不一样,换句话说,个体对压力的知觉能力存在个体差异。有的个体无论事件大小及是否重要都会出现惴惴不安、焦虑不已、敏感、易激惹等状态;而有的个体面对哪怕很重要、很严重的情境依然能相对地呈现出坦然处之、安然无恙、波澜不惊的状态。这可能与个体的知觉压力水平相关。对于个体的知觉压力水平,学术界已有相关量表可以供个体进行自我测量与评估,具体见表 5.2。

表 5.2　知觉压力量表

序号	题　　　项	从不	偶尔	有时	时常	总是	备注
1	为一些预料之外的事情的发生而感到不安	1	2	3	4	5	
2	感觉到不能控制生活中的重要事情	1	2	3	4	5	
3	感觉到紧张和压力	1	2	3	4	5	

序号	题　项	从不	偶尔	有时	时常	总是	备注
4	能成功地处理生活中令人烦恼的事情	5	4	3	2	1	*
5	感觉到能有效地处理生活中发生的重要变化	5	4	3	2	1	*
6	感觉到有信心能够处理好自己的问题	5	4	3	2	1	*
7	感觉到事情在按照自己的意愿发展	5	4	3	2	1	*
8	发现不能完成自己必须做的事情	1	2	3	4	5	
9	能够解决生活中令人不快的事	5	4	3	2	1	*
10	感觉到能够控制自己生活中的事情	5	4	3	2	1	*
11	为发生了一些自己无法控制的事情而感到气愤	1	2	3	4	5	
12	发觉自己在惦记着一些必须完成的事	5	4	3	2	1	*
13	常能掌握时间安排方式	5	4	3	2	1	*
14	常感到困难的事情堆积如山，而自己无法克服它们	1	2	3	4	5	

注：本量表中反向计分题已反向计分。* 代表反向题目。

　　量表评分：本量表分为紧张感和失控感两个维度，共由 14 个题项组成，分别为 6 个正向题目和 8 个反向题目（分别是 4、5、6、7、9、10、12、13）。采用 5 点计分的方法（"从不"计 1 分，"偶尔"计 2 分，"有时"计 3 分，"时常"计 4 分，"总是"计 5 分），最后统计量表的总得分，总分范围为 14～70 分，得分越高，说明被试的心理压力越明显。

（二）知觉压力的主要影响因素

1. 个性特征

　　如前文所述，面对同样的压力时，不同个体的知觉压力水平各异。在竞争日趋激烈的现代社会，人们面对的压力越来越多、越来越大，而不同个性特质的人对压力的感受明显不同。那些竞争意识强、成就动机高、争强好胜、缺乏耐心、说话办事讲求效率、时间紧迫感强、成天忙忙碌碌的人，在面对压力时性格中的不利因素就会显现出来，而个性随和、生活悠闲、对工作要求不高、将失败看得比较淡的人应对压力时则相对坦然。

　　心理学家 Taylor 发现，对于经历压力性事件的个体，个性特征中的人格性乐观能明显帮助个体降低对压力的知觉。人格性乐观是一种一般性信念，指的是个体相信在生活中最终会出现好的结果。这种个性特征能使人对压力事件的评级更正面，并能积极调动他们可利用的所有资源，对压力来源采取直接应对行动。在对压力事件做出反应时，相对于悲观主义者，他们的不利免疫变化更少，血压也比较低；而且这种个性特征本身也可以帮助个体缓冲疾病的影响。

　　Kobasa 研究发现个性特征中的坚韧性也对知觉压力有积极作用。研究发现，在应对压力或生活中的变故的时候,坚韧性能缓解压力带来的负面影响,这源于坚韧性具有对挑战的积极反应和内在控制感,这些特质能帮助个体更成功地应对压力事件,更积极地应对压力挑战。当然,也有一些个性特征对知觉压力有负面作用,如神经质会使个体把事件评价为更有压力,让个体更容易受到压力事件的打击,对压力事件的反应更加强烈,因此神经质个体会经历更多的社会冲突,对社会冲突也会有更强烈的行为反应。

2. 社会支持

社会支持是指个体通过社会关系从他人处获得精神和物质支持的资源。社会支持的来源可以是家庭成员、朋友、同学、同事、社区组织和社会组织等。社会支持大部分情况下是无形的,在大多数情况下,社会支持是个体遇到压力情境下最有效的方式。Sarason 等学者研究发现在减弱压力的影响、帮助个体应对压力及增进健康方面,社会支持的作用举足轻重;Broman 研究发现社会支持能有效减少压力事件期间个体的心理不适感;House 研究发现社会支持有助于降低患病的可能性,在加快疾病恢复方面也有积极作用;Taylor 研究发现社会支持能有助于个体对抗多种慢性疾病;Wickraman 研究发现亲密关系中的社会支持能降低个体采取危险生活方式的可能性;Kieclot-Glaser 研究发现社会支持与个体良好的免疫功能、压力生理反应的减少有关。另有学者通过动物应激实验发现,处于应激状态下的动物如果能有同窝动物或其父母的存在,有熟悉的实验人员的安抚,可明显降低其高血压、实验性神经症、动脉粥样硬化性心脏病的患病概率。人类是群居性社会动物,时时需要社会支持,社会支持能让个体的紧张精神得到适度缓解,对个体的精神健康有积极作用。

社会支持的方式也多种多样,学者们研究发现以下面的三种方式为主:第一种是情感关注。这种方式是通过情感上的关注对个体表达社会支持,如用言语表达对个体目前状态的关注,通过倾听、理解、共情等方式表达关心。第二种是物质帮助。它是指在个体处于压力时期,向对方提供物质上的帮助,如为处于经济困难的朋友提供一定的经济支持等。第三种是信息帮助。它是指为处于压力状态下的朋友,提供与压力情境相关的信息,帮助对方在多信息的环境下找到压力应对的策略,如为正处于无业状态的朋友提供合适的招聘信息等。

3. 经验与准备情况

当面对同一事件或情境时,经验影响个体对压力的知觉。有研究对两组跳伞者的压力状况进行调查发现,有过 100 次跳伞经验的人不但恐惧感小,而且会自觉地控制情绪;而无经验的人在整个跳伞过程中恐惧感强,并且越接近起跳越害怕。同样的道理,一帆风顺的人一旦遇到打击就会惊慌失措,不知如何应付;而人生坎坷的人面对同样的打击不会引起重大伤害。另外,在面临某种压力之前,个体已经对压力的出现有预期、有预案,相对于无预期、无预案的个体,他们的压力感受会轻一些。

二、压力应对策略

（一）问题应对和情绪应对

应对是当我们知觉到压力的时候，试图处理那些被认为过于繁重或者超出我们资源范围的要求的过程。Aspinwall 等认为应对压力是一个动态的过程，这个过程以评估情境为始，以努力应对为终。知觉压力的个体差异导致后续的压力应对也存在个体差异。一般来说，学者们将个体应对压力分为两类：

一类是设法控制或改变造成压力的情境，以此减轻压力，即直面问题、解决问题，这种策略被称为"问题应对策略"。这类应对是指面对个体已知觉到的压力，能主动做一些行为改变或主动寻求外界帮助，意图改变已知觉到的压力环境，从而缓解压力。这种策略的前提假设是许多问题之所以成为压力源，是因为个体暂时没有解决问题，而当问题得到完善解决后，压力则会随之消失。所以问题应对策略就是直面问题，关注产生压力的事件和要应对的问题，对拥有的应对资源进行评估，认识要采取的行动，并做出适当的反应来消除或减轻威胁。这种策略用通俗的话讲就是"直面交锋"，尤其对那些可控制的、可以通过行动改变或消除的压力源有效。

另外一类是设法控制自己的情绪反应，以适应这种情境，即当自我评估个体面临问题的时候情绪过于失控，反而不利于问题的解决，应先调整情绪，这种策略被称为"情绪应对策略"。这类应对是指面对个体已知觉到的压力，个体情绪波动较大，处于不利于问题解决的状态，而愿意尝试从个体情绪方面先着手改善，即改变自我面对压力时候的情绪反应，调整到对压力更接纳、更宽容的状态。

当然，在日常生活中，我们通常是两种方式同时使用，在面对压力时，既改善自我的情绪以应对压力，又积极寻求改变压力环境的方法。在某些情境中，可以选择的应对策略越多，应对压力的效果往往也越好，所以这两种策略可同时采用。但也有一些情况，不能同时使用两种策略。例如，必须做出人生的重要抉择而又面临困难时，个体体验到的是一种难以承受的情绪压力，此时，如果不计后果地采用了不恰当的问题应对策略，可能会产生比较严重的后果。

（二）具体的压力应对方法

在两类压力应对策略的范畴内，下面详细介绍五种可实施的具体压力应对方法。

1. 培养健全的人格

健全的人格不仅影响一个人对外界事物的认知过程，而且也影响其对压力源的应对效果。拥有健全人格特征的个体，在生活和工作中，能从实际出发，客观分析和评价自己所处的环境,正确评价客观事物,正确判断并对待自己所面对的压力源,体验正常的情绪,从而采取积极的态度和有效的应对策略。健全人格的特征表现为自信、开朗、勇敢、热情、勤奋、坚毅、诚恳、善良、正直;不良人格的特征表现为自卑、抑郁、胆小、冷漠、懒散、任性、粗心、急躁等。

2. 改变认知策略

改变认知策略,主要是指通过改变对压力源的评价,换一种方式考虑所处的环境、个体在其中的角色,以及在解释那些出乎意料的结果时所采用的归因方式,从而减轻或消除压力。即换一种思考方式,如在无法改变现状的条件下,换个角度重新评价这种境况,这是因为压力在很大程度上受我们对事件看法的影响,负面想法只会加剧生理上的紧张反应,做出错误决策的可能性也会随之增加。例如,有一位老太太,她有两个儿子,一个卖伞,一个卖布。晴天的时候,老太太就担心卖伞的儿子生意不好,整天忧心忡忡、闷闷不乐;雨天的时候,老太太就担心卖布的儿子生意不好,整天也是忧心忡忡、闷闷不乐。后来有人对她说:"以后天气阴雨绵绵的时候,你就想着卖伞的儿子生意好;天气晴朗的时候,你就想着卖布的儿子生意好。岂不是天天开心呢?"老太太一想,对啊!从此以后,老太太就不再发愁了,整天乐呵呵的。这其实就是改变认知。

3. 积极转移

积极转移,也称注意力转移,是指以建设性活动把注意力从痛苦和焦虑的思绪中转移到其他轻松愉悦的事情上去。如果过分专注于压力性事件,只会使内心更加焦虑、烦躁不安,所以,转移注意力到其他能引起积极情绪的事情上来,或者培养兴趣爱好,拓展心理空间,对缓解压力非常关键。例如,放下令人焦虑的事情去做点其他自己得心应手的事情,或者去参加体育运动,与朋友一起参加运动,如爬山、跳舞、游泳、跳绳、瑜伽等,将时间用于锻炼,减少暴露于压力情境的时间,让身体或精神由紧张状态朝向松弛状态调整,可以对问题加以反思,寻求解决问题的策略。

4. 合理宣泄

宣泄指释放或澄清情感。封闭的个体比较痛苦,因为他使自己远离社会支持,独自承受所有压力;而向自己认为合适的人,如家人、朋友等倾诉压力性事件,或把自己的想法和感觉记录下来,可有效减少压力。研究发现,把自己烦恼时的体验、想法和感觉写下来能够帮助个体更好地适应压力,降低出现心身疾病的概率。所以,在遇到压力性事件的时候,切不要过分沉溺于自己的苦难,要尝试着表达出自己的压力,勇敢地寻求他人的帮助,得到他人的支持。

5. 心理咨询或心理治疗

随着社会对心理学认知的提升,心理咨询和心理治疗的效果也得到了大众的认可。当自我感觉压力过大、个人无法应对时,可积极求助专业心理咨询师。如果压力反应过于强烈,可遵医嘱适当采用精神药物辅助治疗,尤其是对于有明显的焦虑、抑郁情绪的人。

第三节 研究特写：老年期心理压力及其应对

近年来，随着社会发展节奏的加快、竞争的日益激烈，人们的压力不断增大，而压力引发的心理健康问题日益引起人们的关注。从目前世界各个国家的整体形势来看，人口老龄化是经济发达国家的普遍社会特征。而我国于 20 世纪 90 年代已经步入老龄化社会，而且老龄化还在加速，目前我国是世界上老年人口最多的国家。老年人的心理压力及其应对已经是 21 世纪全人类面临的重大课题。

压力和压力应对是动态变化着的，即不同年龄的人在压力来源、压力程度和应对方式上均有所不同。它们是如何随着生活环境和老龄化过程而变化的？到目前为止，这些研究相对较少，而且大多数关于这个问题的研究是横向的。值得注意的是，老龄化是一个高度个性化的过程，如果没有纵向策略的充分补充，横截面方法则完全掩盖了随着人们年龄增长所发生的事情。因此本节我们使用了一个特定的概念框架来讨论涉及压力和应对老龄化的困惑，并通过纵向的角度来增加我们对老龄化压力的理解。

一、老年期压力的评估

关于老年期心理压力的研究相对较少，相关研究主要集中于两个方面：① 压力事件的评估；② 压力的应对模式。相对于年轻人的主要心理压力来自工作、婚姻，老年人面临的主要问题是疾病和健康。一项纵向研究认为，在老年人中，压力来源和应对方式的规则是可变性。同时老年人生活事件较多，心理压力环境影响更大。因此老年期心理压力评估需要采取系统性的、动态的数据，并把横向与纵向评估相结合，评估中既要考虑主观自评报告，也要考虑压力的时间尺度特征以及是否发生在关键时期。

（一）自评报告

压力暴露可以通过自我报告问卷来测量，如生活事件清单，可以由主试评定，也可以根据发生事件的严重程度评估。生活事件和困难时间表（life events and difficulties schedule，LEDS）是一个结构化的访谈，被认为是评估一个人一生中压力暴露的黄金标准。这个访谈方案在数据收集和数据处理阶段都是以时间为线索的。为了简化获取整个生命周期压力源的流程，研究者开发了一种计算机辅助方法（STRAIN）。在 LEDS 测试中，参与者被问及他们是否在生活的任何时刻经历过一系列的压力生活事件。对于每一个认可的压力源，他们会被问一些后续问题，以提供有关经历的更大背景（例如，当事情发生时,你多大年纪? 持续了多长时间? 压力或威胁有多大?)。LEDS 需要一个训练有素的采访者来执行测量,而 STRAIN 由被试自己完成。LEDS 还依赖评分者利用情境信息来评估压力的严重程度,而 STRAIN 则依赖参与者报告事件的严重程度。与 LEDS 相比,STRAIN 的自动化问题结构可以让受访者更快地完成访谈,并缩短数据处理时间。这两种方法都提供了一个全面的在个体整个生命周期中的压力暴露评估,并确定它对个体经历影响的严重程度。

关于老年期的压力评估,更应考虑老龄的进展,研究发现应该将与年龄相关的事件作为老年期的应激源,如更年期、"空巢"和退休。Zisberg 也将生命历程的观点应用到生命事件中,提出某些事件发生的概率、它们的时间和顺序、所涉及的动机因素、管理可用的应对资源、对其重要性的认知评价以及适应结果随年龄的增长而变化。

压力反应也是评估老年人压力的重要指标,可以通过自我报告测量、行为编码或生理测量来测量。这些反应包括由压力刺激引起的情绪、认知、行为和生理反应。测量压力反应极其简单的方法是自我报告特定压力源或与个人生活环境相关的感知压力。例如,"压力感知量表"(perceived stress scale,PSS)是一个包含 10 项内容的自我报告量表,用来评价个人对当前环境压力的感受程度。传统上,人们在可控的实验室环境中研究对急性应激源的反应,以捕捉应激源暴露后几分钟内的反应(如对急性应激任务的情绪和生理反应)。一种常用的急性压力范式是特里尔社会压力测试(Trier social stress test,TSST),这是一种标准化的实验室压力任务,参与者在主试面前发表演讲并进行心算。TSST 可靠地唤起了大多数参与者的急性应激反应。在实验室之外,新技术已经提高了我们使用手机和可穿戴设备捕捉日常生活中实时压力反应的能力,这是许多研究人员正在做的。考虑到应激源暴露和应激反应对健康造成的影响,许多应激模型认为应激源以及应激反应都是影响健康的重要中介因子。

(二)压力时间尺度的划分

按照时间尺度划分,压力源通常可以分为慢性压力源、生活事件、日常事件/麻烦和急性压力。表 5.3 提供了每个时间尺度的定义。要注意的是,压力的自然体验很少整齐划一地归为一类。例如,所爱的人的死亡通常被认为是一个重大的生活事件,但根据死亡的原因,也可能被认为是一个慢性压力源,如家庭成员在死亡前几年或几个月就生病了。同样,与配偶的争吵可能被认为是一个急性的压力源,但如果每天都发生,就可能被认为是慢性的。不同类别之间存在大量的灰色地带。

表 5.3　压力时间尺度划分

压力类型	定义	健康相关性
长期压力	慢性压力；具有长期压力的威胁性；扰乱生活秩序	慢性疾病风险更高，死亡率更高；加速老化
重大生活事件	偶发生活事件；改变当前生活模式	心理健康程度下降；心血管发病率升高
创伤性事件	事件导致个体生理健康及心理安全受到威胁	健康状况恶化，死亡率升高
日常生活压力	日常生活困扰	更大的情绪反应，糟糕的精神状态
急性压力	短期内唤起威胁或挑战的事件	增加心血管疾病的风险

　　一个人对压力的主观反应有时比应对压力本身更重要，特别是当涉及压力对身体健康的影响时。例如，照顾患者通常被认为是一种慢性压力源，因为患者有持续的身体和情感需求。有大量的研究调查了压力对于痴呆症照顾者的影响，特别是考虑到随着美国人口老龄化进程的加速，家庭痴呆症照顾者的数量大幅增加。事实上，据国际阿尔茨海默病协会 2018 年的估计，有超过 1600 万名家庭照顾者为阿尔茨海默病或其他痴呆症患者提供了约 185 亿小时的照顾。经验证据表明，阿尔茨海默病患者的家庭照顾者与年龄匹配的非照顾者相比，身心健康状况更差。然而，并不是每个护理者的健康都受到其护理角色的损害。这可能是因为护理的负面影响是由个体对护理情境的主观反应引起的，而不仅仅是作为一个护理者本身。因此，护理者报告其护理角色所带来的高水平心理负担的程度，将是健康水平下降的一个更好的预测指标，经验证据也支持这一观点。例如，阿尔茨海默病护理者在护理过程中表现出精神上或身体上的压力，其死亡率比没有抑郁症状的阿尔茨海默病护理者高 63%。

　　现代心理学对于压力研究的一个显著特征是，它专注于重大的事件和生活变故情况。然而一项研究发现在 45～64 岁的中老年群体样本中，生活事件得分与年龄成反比关系，这表明主要的生活变化的频率随着年龄的增长而减少。但这并不是说中老年人的压力随着年龄增长而变小，因为生活事件的列表中忽略了许多在衰老过程中重要的事件，如没有考虑到虚弱、精力有限、孤独和敌对状态或低压力环境等慢性问题。

　　因此，对中老年人的压力评估还需关注日常困扰事件，这些困扰事件中有些是短暂的，有些是重复的，甚至是慢性的。这些困扰事件应该与重大生活事件区分开来。学者设计了"困扰量表"来评估这些压力的出现频率和严重程度，包括诸如乱放或丢东西、没有足够的时间陪伴家人、计划饮食、关注体重和无挑战性的工作。

　　学者认为处理日常困扰事件的策略比处理生活事件的策略更能预测适应性结果。日常困扰事件比重大生活事件更能预测健康状态，部分原因是日常困扰事件属于压力的近端效应,而后者属于压力的远端效应。一个人对社会环境的近端效应与直接感知或经验密切相关,对人的影响也较为频繁。而环境特征和宏观社会因素的远端效应对人的影响并不是直接的和频繁的。

除了测量负性生活事件之外,对压力的评估还应考虑正性生活事件,即积极的经历。李志勇等发现,日常积极经历中存在群体差异的年龄效应。对于中老年人群来说,较为常见的正性生活事件是与健康或家庭相关的,而对于大学生群体来说,则是一个愉悦的情绪状态(开心、大笑等)。

(三)压力暴露期间的敏感期

除了应激源的时间尺度外,应激源暴露的另一个重要特征是应激源发生的阶段。在暴露过程中,被试的年龄对压力的感受性影响较大。"敏感期"是生命过程中生理系统受外部环境因素影响最大的特定时间点,因此应激源暴露对发育有特别强烈的影响。在敏感期——产前、5 岁之前、青春期、为人父母阶段,以及更年期和老年期,压力可能有最大的影响。

在敏感期识别和测量压力,可以极大地提高压力负面影响的风险预测的准确性,并能帮助我们找到压力暴露与健康损害之间的关联,进而更好地指导压力干预工作。

对于老年期压力评估,为了避免测量误差,提高假设的特异性,测量时间也是必须考虑的。可以通过询问不同时间段的压力源和压力反应来进行测量,如当前时刻、当天、过去一周、过去一个月、过去一年、退休后或整个生命周期。例如,参与者在报告过去一个月和他们生命阶段承受的所有压力时,存在着较大的差异。因为回顾性的报告容易产生偏差和错误,所以暴露在压力源和测量之间的潜伏期是至关重要的,特别是在暴露问题多年或几十年后。除了暴露和测量之间的潜伏期外,还有其他几个因素会影响回顾性报告的准确性,如回忆时的心理状态和给定记忆的情绪突出性。这可能会导致高估情绪突出的压力源的频率,而低估更平凡的日常压力源的频率。鉴于这些原因,在可能的情况下,测量压力源暴露和反应是有益的。

在检测急性应激暴露和反应的实验研究中,测量评估窗口还有其他考虑因素。由于接触压力源的时间是可控的,研究人员可以在接触压力源之前开始测量心理、行为和生理状态,并在接触压力源之前和之后继续测量。通过测量暴露前、中、后的反应,研究人员可以获得(并预测)对暴露压力的预期。

二、压力的应对

应对是影响一个人适应环境的关键变量,可以被直接理解为个体解决生活事件和减轻事件对自身影响的各种策略,因此应对也被称为应对策略。

如何衡量应对一直是压力研究的一个薄弱环节。关键问题在于,研究人员试图将应对作为一种特质或风格来评估。但这种一次性的测量方法很难帮助我们预测人们在一段时间内或在各种压力中如何反应。我们需要一种应对方法来评估一个人如何应对各种特定的压力遭遇和生活环境,并探索应对过程的变化程度。只有当我们长期观察一个人并在不同的环境中观察,我们才能有信心采取下一步计划,并识别应对能力的个体差异。

(一)老年期应对的特点

在一项中老年样本的应对过程评估中,研究者使用了"应对方式清单"(the ways of coping checklist,WCCL),该清单询问了一个人在几次特定的压力遭遇中有什么想法、感受以及做了些什么。我们发现,在初步的方式中,区分处理问题和情绪调节的两个基本功能是有用的。与预期一致,几乎没有研究对象只使用单一的应对方式,大多数人在遭遇压力后会产生两种以上类型的多重应对活动。此外,当应对模式的稳定性被定义为对问题或情绪模式的相对强调时,在遭遇压力时只有适度的稳定性。遭遇的类型——如与工作有关或与健康有关——对这种模式的影响最为显著。年龄对应对方式的影响较小,这并不令人感到惊讶,因为即使最年长的被试也只有 64 岁,依然保持着活跃状态,除了少数人外,被试均没有遭受过重大的疾病。

McCrae 报告了一个大样本的数据,也证实了随着年龄的增长,人们的应对方式几乎没有差异。McCrae 认为,在大多数方面,这些研究中的老年人与年轻人的应对方式大致相同,在面对不同类型的压力时会表现出略微不同的防御机制,中老年人比年轻人更倾向于使用较为成熟的心理防御机制,很少使用敌对、逃避、幻想等方式。

正如韩振秋所指出的那样,某些主要的压力来源可能在老年人中比在年轻人中更常见,但这并不意味着不同的年龄组会用不同的应对模式来处理压力源。

通过分析几个月来获得的多次采访记录,Golden 等总结了老年人常用的三种应对方式——对抗、否认和回避。对抗型包括投入大量精力来应对愤怒、内疚和悲伤的表达,转向亲密的知己倾诉,从而获得有价值的积极情绪体验策略的使用。否认型包括最初的压抑和转化为消极情绪的压抑,频繁使用抵消心理防御机制,以及持续地寻求积极体验,也许是作为痛苦的缓冲。回避型包括持续抑制负面情绪、焦虑担心等情绪以及躯体化症状,如经常出现头痛和消化不良等。

(二)认知模式对应对的影响

不考虑心理压力与心理功能相互影响的研究是有偏差的。人们很少被动地面对发生在他们身上的事情;他们会在可能的情况下寻求改变,当环境无法改变时,他们会使用认知模式来应对,通过这种方式他们可能会改变对环境的认识。

老年期压力应对需要考虑到衰老过程和老年期认知模式改变造成的影响。由于人与环境关系的变化，或者防御手段的变化，不仅对一种情况的评价会不断变化，应对也会不断变化。然而，如果一个人长期处于相同的情况下（如婚姻、工作或疾病），或者他继续以同样的方式评估或应对，并一再未能解决困难，特定的压力可能会一再发生。

认知评价和应对是人对生活压力反应的基本特征之一，包括对老龄化压力的反应。Otsuka 等指出，老年人在处理自身角色和地位的丧失时，会找到以前社会参与模式以外的替代办法，如寻求新的社团，增加参与度和存在感，或以超然的态度看待他们的处境以便继续维持良好的自我体验。

研究显示，伴随老年人社会支持的下降，老年人会改变目标，降低社会预期。社会预期的变化往往是长期努力应付威胁的结果。青年时期社会预期往往达到高峰，到了晚年一个人可用的能量和资源的下降，会导致老年人应对困难的能力下降，继而其社会预期也会发生重大转变。有些老年人可能会保持继续奋斗状态，这极可能危及健康，因此改变也是老年人应对环境的保护机制。

一个人应对压力的控制感决定了个人的情绪反应，一般情况下有两种反应：一种是以问题为中心的应对方式，这种模式的重点是改变人与环境之间的关系；而另一种则是以情绪为中心的应对方式，它是通过现实或防御性的重新评价，改变对遭遇的理解或关注方式，从而改变对遭遇的情绪反应。老年人因为控制感的下降，会逐渐从问题应对转向情绪应对，从专注于问题的努力解决转向以情绪为中心的应对，通过各种认知行为来运作，如注意回避、理智超脱、否认、对过去的重新解释、幽默、幻想等。同时老年人也会表现为更加依赖，放弃自己的想法，不愿意独立思考、独立行动。

压力及其应对方式对老年人影响的研究要参考个人特征以及个人的发展历程。

当前，关于压力及其应对方式研究存在一个问题，即将重大生活事件作为压力的唯一衡量标准，并将应对视为一种静态的特征或方式，缺乏对衰老过程与压力和应对关系的系统研究。一个人在生命历程中的某个时刻体会到的压力或痛苦，取决于这个人适应的瞬间状态。如果我们不能进行全面评估，就失去了评估的连续性和准确性。类似的问题也表现在一般研究中将压力定义为个人对环境适应的失败。因此在考察环境中的压力和应对模式时，要充分考虑环境和人以及它们之间的相互作用。

一般规律和个体差异仅仅是一个问题的两个方面，在不同的生活环境中，不同的个体生物衰老的速度也会不同；同时随着年龄的变化，老年人对个人的评价及其应对方式都会有所不同。因此，如果不考虑人们生活的连续性，不以年龄为基础进行比较，就有可能忽略老龄化过程中的压力及其应对的关键点。

第六章 总结与展望

本书立足于社会认知相关理论,对具有一定代表性的脑科学和社会认知科学的交叉研究进行了介绍,依次探讨了社会知觉、基模与归因、运用态度评价社会世界、常见社会认知障碍及其神经机制、压力与身心健康等问题,并基于此聚焦网络表情符号、关于外表的刻板印象、网络游戏成瘾、老年人群体的压力等相关研究热点在脑科学的维度进行深入分析。以下将对本书做简要小结。

我们可以通过面部表情、肢体语言、副语言来推测判断他人的心理状态,从而构建我们的社会知觉,社会知觉的结果是形成对人或事物的印象。关于印象的形成,格式塔方法认为人们可以"按程序"来觉察不可分割的整体形状,而不是接收支离破碎的信息;核心品质假说则认为印象的形成是个整体过程,在这个过程中某些"核心"品质对印象产生不均衡的影响,并成为对象的所有其他信息,借以组成完整形象的支撑点。印象形成的算术模型一般有总和模型和平均模型,但在现实生活中,印象的形成并非完全可被归结为累加或平均,因为诸如文化背景以及语境等因素也会对印象的形成产生影响。为了在各种社会场景中给他人留下好的印象,人们常会有意识地进行印象管理,印象管理策略一般分为获得性印象管理策略、保护性印象管理策略和间接印象管理策略三种。

我们对人或事形成认识并据此构建的心理结构或剧本被称为基模,基模可以影响我们的社会认知并间接形塑我们的社会行为。基模类型包括自我基模、个人基模、角色基模和情境基模。这些不同的基模是我们发展心理捷径的基础,从而使我们可以通过代表性启发式、可得性启发式、定锚与调整等心理捷径来减轻我们的认知负担;但需要注意的是,每一种心理捷径并不一定都能导向最佳决定,甚至有时还会带来偏差。在生活中,我们对于他人当前的行为表现和情绪状态的把握是必要的,但要想了解这些行为和情绪背后的原因,就需要我们进行归因。Heider 的归因理论认为归因就是由观察到的原因来推论观察不到的原因,Jones 和 Davis 的相应推断理论探讨我们如何运用观察到的他人行为信息来推断他们可能拥有的特质,Kelley 的三维理论认为应将归因的焦点放在共识性、一贯性、独特性三种主要信息上;动机的归因理论则认为可以根据原因的稳定性、控制的位置以及可控性进行归因。将这些归因理论应用于实际生活中时,往往会发生一定的偏差,偏差一般包括基本归因偏差、演员-观众效应、自我服务偏差。

社会认知研究领域中,非言语线索也常被用来推测和判断他人内在状态,构建社会知觉,在网络交流中被人们大量使用的表情图片可以弥补纯文字交流无法传递的非语言信息。网络表情符号的发展经历了键盘符号类、图形类、表情包三个阶段。表情符号可以帮助我们在网络世界交流时表达情绪，而表情符号的具体使用是一种相当个性化的选择，会受到人们交流目的和社会背景的影响；使用表情符号会影响人们交流时对彼此的看法，能够帮助交际双方更好地理解对方；并且具有不同背景的人在进行表情符号创造以及使用表情符号交流时，会产生一种认同感，从而获得群体的归属感和身份感。社会认知神经科学视角下的网络表情符号研究表明，大脑会将表情符号当作一种面部表情信号进行表征，进而对交际对象的情绪进行解读和理解；大脑处理表情符号的神经机制和处理声音、表情等非语言信号的神经机制相同，将表情符号当作真实面部表情进行处理，表情符号增加了大脑对文字解码的负荷，从而能传达更为真实的交际目的；至于表情符号的情绪处理，杏仁核区域并未有显著激活，这可能受到研究中表情符号呈现形式的影响，也预示着表情符号的情绪信息并未经由边缘系统进行处理。

　　我们对外界的评价常体现在我们对外界的态度中，态度一般包含认知、情感、行为倾向三种成分。常用的对态度进行测量的工具有利克特量表、语义区分量表和投射测验。态度的形成主要与纯粹接触效应和社会学习作用有关，而形成的态度又可分为无意识、自动激活的内隐态度和能被人意识到、所承认的外显态度，通过内隐联想测验可以测量内隐态度。关于态度改变的理论主要有平衡理论和认知失调理论。平衡理论考虑的是个体所持有的情感和信念的一致性，通常用一个人、另一个人和一个态度对象来描述；认知失调理论假定当我们的态度与行为之间，或各种态度之间彼此不一致的时候，我们会感到紧张（失调），为了减少这种不愉快的感觉体验，我们经常会被刺激去做一些事情减少失调。说服性沟通也是态度改变研究中的一个热点，耶鲁态度改变研究法认为说服性沟通的有效与否取决于谁向谁说了什么，说服的中心因素比如论据的强度以及说服的周边因素比如演讲者的可信度和吸引力等都会影响说服的效果。人的态度和行为存在一致和分离两种情况，而影响态度和行为关系的因素主要包括态度强度、态度的特定性和具体性、情境压力、态度的情感与认知成分的一致性、态度类型（外显态度和内隐态度）。计划行为理论可以解释态度是否能够预测行为以及何时、如何预测行为，该理论认为只有在个体的执行能力、机会以及资源等条件充分满足的情况下，人的行为意向才可以直接决定行为。本书将偏见作为一种典型的态度做了介绍。偏见是指对某一社会群体及其成员的一种不公正态度，是一种预先就有的判断。偏见产生的原因主要有刻板印象、分类、权威主义人格以及资源竞争。人们可以通过群际接触、群际交叉分类、消除刻板印象等方式减少或消除偏见。外表吸引力刻板印象近年来受到认知神经科学家的关注，研究人员分别从社会认知、审美与道德的关系等视角进行了一系列研究，并基于此梳理出关于外表刻板印象的认知神经网络，即基于内侧和外侧前额叶、眶额皮层、颞叶以及扣带回的执行功能、奖赏预期，基于记忆的语境建构以及情感和认知的整合。

　　随着经济的发展和生活节奏的加快，我国存在心理障碍的人数逐年增多，心理障碍

115

对人的生活质量的负面影响日益明显。心理障碍一般包括重型心理障碍和轻型心理障碍，而日常生活中以轻型心理障碍更为常见。心理障碍产生的生物学因素主要包括大脑损伤、神经发育异常、神经生化学异常和大脑可塑性低下等。后天的特定脑区的损伤会使得个体在心理和情绪上表现出异常，而先天的特定脑区发育异常也与诸如精神分裂症、多动症等心理障碍有关；脑内特定的神经递质或受体如5-羟色胺的生化指标发生改变时也会使得个体出现抑郁等心理障碍；当大脑的可塑性低于正常水平时，个体的发展也会处于相对滞后状态，从而导致一些心理问题。

孤独症是以社会功能障碍和刻板行为、抑制兴趣为核心症状的一种神经发育障碍。关于孤独症的研究与社会脑、共情等重要概念关系密切。社会脑是指独立于一般智力之外的另外一种智力形式，这种智力形式后来被称为情商，也就是社会理解能力。围绕孤独症进行的社会认知神经科学研究是基于"社会脑"的研究而逐渐兴起的。共情本属于美学范畴的概念，表达的是人们对于他们所看到的真实精神情感的投射，共情因其凸显的心理学特质而后被引入心理学的研究中。共情包含两方面的要素：一是具有对自我和他人的心理状态进行归因的能力，并以此作为了解行为主体的一种常用方式，如能把某人的言行归因为他的情绪和心理状态；二是对他人的心理状态具有适当的情感反应，也就是说，在归因的基础上，对他人的言行进行自我反应，如自己的情绪会随着他人的情绪变化而变化。研究发现孤独症及相关症状谱系在一定程度上存在着与心理年龄相关的共情障碍，这一共情障碍会逐渐表现出来，这可能是由于脑区的一处或多处的异常引起的。孤独症的共情理论认为正常的人类共情从婴儿期开始发展，贯穿一生，共情能力会随着年龄增长而得到发展；孤独症患者在共情能力发展方面存在严重缺陷，这种共情障碍一定程度上表现出诸如共同注意缺陷、对他人的痛苦表示关心的缺陷等"心智盲"现象。相关脑功能研究发现，孤独症患儿因大脑杏仁核存在功能障碍而不敢注视他人，孤独症患者大脑中杏仁核的细胞密度增大且在进行社会认知或信息加工任务时表现出异常激活。

抑郁障碍是现代社会常见的心理障碍。抑郁障碍的诊断标准以心境低落和快感缺失为诊断核心，但对认知方面及身体症状方面的变化并没有明确规定。抑郁障碍的研究与认知模式、习得性无助及抑郁的认知理论等几个概念联系紧密。认知模式是指个体对信息的获取、处理的模式。抑郁障碍患者常表现出负性认知模式，主要包括对生活中自我、世界和未来的三重消极认知及过度概括化、任意推论、选择性概括、主观夸大和缩小、个性化联系、贴标签和错贴标签、极端思维等逻辑错误。习得性无助是指个体经历某种学习后，在面临不可控情境时形成无论怎样努力也无法改变事情结果的不可控认知，继而导致放弃努力的一种心理状态，简单地说，就是个体通过学习而得来的无助感状态。有研究提出个体对事件起因的解释也是习得性无助感的重要决定因素，并由此提出了内部-外部、稳定-不稳定、全局性-特殊性三个归因维度，而抑郁障碍患者对负性生活事件倾向归因于内部-稳定-全局性。关于抑郁障碍的脑功能研究发现抑郁障碍患者在认知、动作、交流和感知等方面均表现出明显的障碍;抑郁障碍患者的认知障碍主要集中在注意力、行为抑制、记忆力、决策和计划等领域,而其中执行功能方面的障碍表现尤为明显。这些障碍也在相关脑区的功能上表现出异常,如抑郁障碍患者的眶额叶皮层和腹内侧前额叶皮层与正常人相比存在激活程度上的差异。

作为一种在全世界范围内都存在的较为严重的精神障碍,网络游戏成瘾在青少年中的流行率呈逐年上升态势。与烟瘾等物质成瘾类似,网络游戏成瘾也会导致大脑中负责处理奖赏信息的腹侧被盖区-伏隔核(VTA-NAc)通路受损。长时间高强度地使用网络游戏会导致玩家大脑相关区域结构发生变化,如网络游戏成瘾者的大脑双侧的腹内侧前额叶的灰质体积减少,在右腹内侧前额叶以及左背外侧前额叶一直延伸到外侧额极的灰质减少尤为明显;网络游戏成瘾者的纹状体尤其是负责奖赏预期功能的腹侧纹状体的体积相比健康人而言也显著减少等。同时,网络游戏成瘾者的大脑相关区域功能也会存在异常变化,如游戏视频可以引起网络游戏成瘾人群更强的腹侧纹状体的激活以及更弱的左侧额叶和背外侧前额叶的激活,并且他们的网络游戏成瘾得分与右腹侧纹状体的活动呈正相关;脑岛在网络游戏成瘾者大脑中可以起到平衡奖赏系统和控制系统的作用;网络游戏成瘾青少年大脑中的认知控制网络(主要是额顶区域)和情感网络(包括皮层下和边缘系统)之间存在功能上的失衡。相较于药物干预、物理干预而言,成瘾记忆的"提取-消退"范式在物质成瘾中已经得到成功运用,笔者指导的团队将记忆的"提取-消退"范式应用于网络游戏成瘾的干预中并取得较好效果。

现代社会中,人们会面临多种压力,负性生活事件是个体日常压力的主要来源。负性生活事件会造成个体自主神经系统的功能紊乱,从而导致心理和生理上发生病理性变化;人的大脑结构也会由于负性生活事件的发生而在神经元突触层面发生改变,并且相关脑区的结构变化可以预测压力大小和精神障碍的严重程度,如左侧楔前叶、左侧中央后回的皮层厚度变薄以及左侧额上回和右顶下小叶的体积减少与较大压力有关。此外,负性生活事件还对机体的细胞分化产生负面影响,导致机体难以有效清除体内产生的突变细胞,并且在精神压力持续时间较长的情况下造成脑细胞缺氧并发生脑功能性障碍;当机体长期处于负性生活事件形成的高强度压力下时,机体患上肿瘤疾病的可能性就会大大增加,超过80%的肿瘤患者在患病前经历过负性生活事件。当然,并非所有的负性生活事件都会让机体感到压力倍增,通常来说,个体感到较大压力的负性生活事件主要包括通过努力仍无法解决的事情、超出个体预案的突发事件,以及那些模棱两可、结果难以预测的事情。

对压力的知觉能力会因个体而异,这可能与个体的知觉压力水平相关。有的人对压力易感,在生活中常会出现焦虑、敏感、易激惹等状态;而有的人在遇到负性生活事件时则表现出情绪波澜不惊的状态。影响个体知觉压力的主要因素有个体的个性特征、社会支持以及个体的经验与准备情况等。人格性乐观和坚韧性的个性特征有助于缓解压力的负性影响;对个体给予情感关注、物质帮助以及信息帮助均有助于个体降低压力

117

带来的不适感；生活经验丰富以及善于做预案的个体能更有效地降低知觉压力。一般而言，个体可以通过问题应对和情绪应对两种方式进行压力应对。问题应对是指与压力正面交锋，直面压力，解决问题，尤其对个体可控的、通过行动可改变的问题较为有效；情绪应对是指个体从自身情绪方面进行改善和调整，从而在避免情绪失控的基础上去应对压力。日常生活中，这两种方式往往会同时运用以达到压力应对的最优效果，但在面对诸如人生路口重要抉择时，则要重点从情绪上进行应对。具体应对压力的方法有培养健全的人格、改变认知策略、积极转移注意力、合理宣泄负面情绪以及寻求心理咨询或治疗等。

21世纪前期将是中国人口老龄化发展最快的时期，老年人在生活中面临的压力问题应当引起心理学工作者以及心理治疗人员的足够重视。对于老年人口群体的心理压力的有效缓解应在关注其压力来源的同时，从个体的人生发展历程的纵向、历时的角度去进行探索。因此，为了提升对老年人个体压力评估的连续性和准确性，应对其生命历程中的负性生活事件发生时的压力应对以及应激状态进行全面系统的评估。总体而言，老年人应对压力的策略与年轻人大致相同，老年人更为常用的三种应对压力的方式是对抗、否认和回避。但是伴随老龄化而来的是，老年人的认知模式会发生相应改变，从而在压力应对方式上也会发生相应改变，如降低社会预期，从问题应对模式转为情绪应对模式等。

随着人工智能、大数据、机器学习等技术的蓬勃发展，学科交叉日趋深入、频繁。在这个背景下，心理学与脑科学、类脑科学结合的研究已成为必然，从而使得更精准地解读人类在社会认知过程中的心理奥秘成为可能。心理学是典型的交叉学科，在社会认知的研究过程中运用交叉学科思维，并借助脑科学的前沿理论和技术来研究社会认知中的心理学问题至关重要。

但是当下，人类对于大脑的认知还相当有限。因此，近年来，全世界范围内掀起了脑科学研究的浪潮，一些欧美国家已启动国家性的"脑科学计划"研究。"脑科学"也被《中华人民共和国国民经济和社会发展第十四个五年规划和2035年远景目标纲要》列为国家重点前沿科技项目之一。2021年9月，酝酿6年多的"中国脑计划"在中国科学家的积极推动下正式启动。"中国脑计划"主要聚焦在基础研究方面，包括各种社会认知的神经环路，与社会认知相关的各种认知障碍，如阿尔茨海默病、抑郁障碍、孤独症等都是"中国脑计划"重点研究的方向，与人的社会认知功能相关的人工智能也是"中国脑计划"的重要研究课题。在"中国脑计划"的指引下，未来中国的脑科学研究将在基础神经科学、以社会认知障碍为特征的脑疾病的诊断治疗、类脑人工智能等领域有重大突破。具体来说：

（1）基础神经科学包括认知功能的研究会取得进展，如大脑如何整合神经信息、记忆学习的环路、更高等的共情心和自我意识的环路等。

（2）以社会认知障碍为特征的脑疾病的诊断治疗会取得突破。未来五年之内，会研发出因为基因突变造成的脑疾病的动物模型，并以此研发出诊断、干预或治疗这些疾病的方法。

（3）类脑人工智能会取得进展性成果。新型脑机接口技术不仅能实现大脑控制机器，而且机器也可以将信息反馈到大脑，进而改变大脑控制的模式。还有基于脑网络结构和功能的新一代人工智能软件和硬件系统，这些人工智能的研究成果将会给社会认知障碍的干预提供新的路径。

Science 在庆祝创刊 125 周年时归纳的 125 个前沿科学问题中，有 18 个问题属于脑科学范畴，而排在最前面的包括意识的生物学基础、记忆的储存与恢复、人类的合作行为、成瘾的生物学基础、精神分裂症的原因、引发孤独症的原因，都是广受关注但尚未得到根本解决的重大问题。本书中提到的孤独症、抑郁障碍、成瘾以及阿尔茨海默病等老年期的退行性脑疾病等，都属于典型的社会认知障碍。但目前学术界对上述领域的了解仍然有限，尤其对认知障碍背后的深层原因还在继续探索中。要理解并解决这些问题，就要对大脑的神经网络有全面的了解。人脑内神经细胞数以千亿计，每个细胞与几千个其他细胞连接形成大脑的复杂神经网络，要在如此复杂的神经网络中厘清人的各种社会认知行为背后的神经机制将是一个兼具长期性和系统性的重大工程。这是目前神经科学面临的一个重大挑战。所以，未来基于脑科学的社会认知研究的关键点就是要在介观（介于微观和宏观之间的状态）层面上弄清大脑的网络结构，即图谱结构。只有确定了大脑的图谱结构才能准确地理解大脑，进而对社会认知障碍进行有效干预；而对于从感知觉、情绪和情感等基本的脑认知功能到广义社会认知范畴的高级脑认知功能，我们需要通过进一步深入系统的研究去探究其神经基础，其中最关键的工作是要制作出全脑神经联结图谱、基于神经元输出纤维和输入纤维的结构图谱以及基于神经元电活动的活动图谱。

我们相信，通过与学界同行在脑科学和社会认知交叉领域的共同探索，我们将对人的大脑有更为全面准确的理解；在此基础上，我们就能对人的社会认知的神经机制有更清晰的认识，并将最新研究成果更为高效地应用到特定社会认知障碍的干预中，为和谐社会的构建和健康中国的建设贡献我们的力量。

119

参 考 文 献

Aronson E，Wilson T D，Akert R M，2014.社会心理学［M］.8 版.侯玉波,等译.北京:机械工业出版社.

Barlow D,2004.心理障碍临床手册［M］.刘兴华,等译.北京:中国轻工业出版社:79-83.

陈志霞,2021.社会心理学［M］.北京:人民邮电出版社:43-46.

戴维·迈尔斯,2012.社会心理学［M］.8 版.张智勇,等译.北京:人民邮电出版社.

格里格·津巴多,2011.心理学与生活［M］.王垒,王更,等译.北京:人民邮电出版社.

韩振秋,2020.新时代积极应对老龄化的多维度思考［J］.中国发展,20(5):1-4.

郝洪达,王诩,2013.内隐联想测验与消费心理［J］.心理科学进展,21(10):1865-1873.

郝伟,2005.精神病学［M］.北京:人民卫生出版社:72-75.

黄钟军,潘路路,2018.从中老年表情包看网络空间的群体身份区隔［J］.现代传播(中国传媒大学学报),40
 (4):97-102.

金盛华,2020.社会心理学［M］.3 版.北京:高等教育出版社.

J.P.福加斯,1992.社会交际心理学:人际行为［M］.张保生,李晖,译.长沙:湖南出版社:73-77.

乐国安,2013.社会心理学［M］.北京:中国人民大学出版社.

李春玉,2012.社区护理学［M］.3 版.北京:人民卫生出版社.

李志勇,吴明证,王大鹏,2014.积极事件与大学生生活满意度的关系:序列中介效应分析［J］.中国特殊教育
 (12):92-96.

里查德·道金斯,1998.自私的基因［M］.卢允中,张岱云,等译.长春:吉林人民出版社.

连淑芳,杨治良,2007.抑制对内隐刻板印象的影响研究［J］.心理科学,30(4):844-846.

卢剑,肖子伦,冯廷勇,2017.元认知:态度与说服研究的新视角［J］.心理科学进展,25(5):866-877.

罗森,2020.试论表情包使用中的身份认同［J］.创作评谭(5):40-43.

罗跃嘉,古若雷,陈华,等,2008.社会认知神经科学研究的最新进展［J］.心理科学进展,16(3):430-434.

马宁,麦子峰,2018.印象形成和更新的神经机制［J］.华南师范大学学报(社会科学版)(2):96-103.

马中红,杨长征,2016.新媒介·新青年·新文化［M］.北京:清华大学出版社.

欧文·戈夫曼,2008.日常生活中的自我呈现［M］.冯钢,译.北京:北京大学出版社.

乔安妮·恩特维斯特尔,郜元宝,2005.时髦的身体［M］.桂林:广西师范大学出版社.

沈德立,2013.大学生心理健康［M］.北京:高等教育出版社:283.

沈政,方方,杨炯炯,2010.认知神经科学导论［M］.北京:北京大学出版社:45-47.

世界卫生组织,1993.ICD-10 精神与行为障碍分类［M］.范肖东,汪向东,于欣,等译.北京:人民卫生出版
 社:53-59.

童辉杰,2004.投射技术:对适合中国人文化的心理测评技术的探索［M］.哈尔滨:黑龙江人民出版社.

Taylor S E,2017.社会心理学[M].崔丽娟,等译.上海:上海人民出版社.

王俊成,赵际光,王建生,2003.社会支持、应对方式与老年期抑郁症的对照研究[J].中国老年学杂志,23(10):697-698.

王沛,2003.刻板印象与社会情境因果建构的相互影响[J].心理科学,26(4):738-739.

王沛,刘峰,2007.社会认同理论视野下的社会认同威胁[J].心理科学进展,15(5):822-827.

王瑞安,桑标,2012.具身视角下的社会认知[J].心理科学,35(5):1107-1112.

王拥军,俞国良,刘聪慧,2010.社会认知神经科学范式述评[J].心理科学,33(5):1174-1176.

伍秋萍,冯聪,陈斌斌,2011.具身框架下的社会认知研究述评[J].心理科学进展,19(3):336-345.

谢利·泰勒,2010.社会心理学[M].12版.上海:上海人民出版社.

亚历山大·伊斯顿,2017.社会行为中的认知神经科学[M].崔芳,关青,等译.杭州:浙江教育出版社.

杨发祥,李安琪,2021.社会工作介入突发性公共卫生事件研究:基于情感劳动的视角[J].学海(3):86-92.

杨廷忠,黄汉腾,2003.社会转型中城市居民心理压力的流行病学研究[J].中华流行病学杂志,24(9):760-764.

叶浩生,2010.具身认知:认知心理学的新取向[J].心理科学进展,18(5):705-710.

俞国良,2011.社会心理学[M].北京:北京师范大学出版社.

袁晓松,2007.脑成像技术在社会认知研究中的积极作用[J].集宁师专学报,29(4):82-86.

张放,2010.网络人际传播效果研究的基本框架、主导范式与多学科传统[J].四川大学学报(哲学社会科学版)(2):61-67.

张晗,余婷婷,蒋宏,等,2018.基于文献计量学方法的社会认知学术发展态势研究[J].心理学通讯,1(1):16-25.

张红涛,王二平,2007.态度与行为关系研究现状及发展趋势[J].心理科学进展,15(1):163-168.

张理义,陈洪生,2015.临床心理学[M].4版.北京:人民军医出版社:87-90.

张林,张向葵,2003.态度研究的新进展:双重态度模型[J].心理科学进展,11(2):171-176.

张婉莉,钱国英,2007.双重态度模型理论研究综述[J].陕西教育学院学报,23(4):18-21.

赵景欣,刘霞,李悦,2013.日常烦恼与农村留守儿童的偏差行为:亲子亲合的作用[J].心理发展与教育,29(4):400-406,423.

中国神经科学学会"神经科学方向预测及技术路线图研究"项目组,2018.脑科学发展态势及技术预见[J].科技导报,36(10):6-13.

钟毅平,2012.社会认知心理学[M].北京:教育科学出版社:43-46.

周洁,冯江平,王二平,2009.态度结构一致性及其对态度和行为的影响[J].心理科学进展,17(5):1088-1093.

Aff T D,Basinger E D,Kam J A,2020. The extended theoretical model of communal coping:understanding the properties and functionality of communal coping[J].Journal of Communication,70:424-446.

Alzheimer's Association,2019. Alzheimer's disease facts and figures[J].Alzheimer's & Dementia,15(3):321-387.

Andrew W,Byrne R W,1997. Machiavellian Intelligence II:Extensions and Evaluations[M].Cambridge:Cambridge University Press.

Antoine H B,Tobias W,Shirley F,2014. The use of virtual reality in craving assessment and cue-exposure therapy in substance use disorders[J]. Frontiers in Human Neuroscience,8:844. DOI:10. 3389/fnhum. 2014.00844.

Bartlett E A,Klein D N,et al,2019. Depression severity over 27 months in adolescent girls is predicted by stress-linked cortical morphology[J]. Biological Psychiatry,86(10):769-778.

Basak C,Voss M W,Erickson K I,et al,2011. Regional differences in brain volume predict the acquisition of skill in a complex real-time strategy video game[J]. Brain and Cognition,76(3):407-414.

Bechara A,2005. Decision-making,impulse control,and loss of willpower to resist drugs:a neurocognitive perspective[J]. Nature Neuroscience,8(11):1458-1463.

Bechara A,Damasio A R,2005. The somatic marker hypothesis:a neural theory of economic decision[J]. Games and Economic Behavior,52(2):336-372.

Blayzyte A. Gaming in China-statistics and facts Statista[EB/OL]. [2019-10-15]. https://www. statista. com/topics/4642/gaming-in-china/.

Brown G,Harris T,1978. Social origins of depression:a study of psychiatric disorders in women[M]. New York:The Free Press.

Calvo-Merino B,Glaser D E,Grèzes J,et al,2005. Action observation and acquired motor skills:an FMRI study with expert dancers[J]. Cerebral Cortex,15(8):1243-1249.

Chen C Y,Huang M F,Yen J Y,et al,2015. Brain correlates of response inhibition in Internet gaming disorder[J]. Psychiatry and Clinical Neurosciences,69(4):201-209.

Cohen S,Gianaros P,Manuck S,2016. A stage model of stress and disease[J]. Perspectives on Psychological Science,11(4):456-463.

Cohen S,Kamarck T,Mermelstein R,1983. A global measure of perceived stress[J]. Journal of Health and Social Behavior,24(4):385-396.

Conklin C A,Tiffany S T,2002. Cue-exposure treatment:time for change[J]. Addiction,97:1219-1221. DOI:10.1046/j.1360-0443.2002.00205. x.

Corbetta M,Miezin F M,Shulman G L,et al,1993. A pet study of visuospatial attention[J]. Journal of Neuroscience,13(3):1202-1226.

Dalwani M,Sakai J T,Mikulich-Gilbertson S K,et al,2011. Reduced cortical gray matter volume in male adolescents with substance and conduct problems[J]. Drug and Alcohol Dependence,118(2/3):295-305.

Ding W N,Sun J S,Sun Y W,et al,2013. Altered default network resting-state functional connectivity in adolescents with Internet gaming addiction[J]. PLoS One,8(3):e59902.

Ding W N,Sun J S,Sun Y N,et al,2014. Trait impulsivity and impaired prefrontal impulse inhibition function in adolescents with Internet gaming addiction revealed by a Go/No-Go fMRI study[J]. Behavioral and Brain Functions,10(1):1-9.

Dong G H,DeVito E E,Du X X,et al,2012. Impaired inhibitory control in "Internet addiction disorder":a functional magnetic resonance imaging study[J]. Psychiatry Research:Neuroimaging,203(2/3):153-158.

Droutman V,Read S J,Bechara A,2015. Revisiting the role of the insula in addiction[J]. Trends in Cognitive Sciences,19(7):414-420.

Du X,Qi X,Yang Y X,et al,2019. Altered structural correlates of impulsivity in adolescents with Internet gaming disorder[J]. Frontiers in Human Neuroscience,10:4.

Everitt B J,Robbins T W,2005. Neural systems of reinforcement for drug addiction:from actions to habits to compulsion[J]. Nature Neuroscience,8(11):1481-1489. DOI:10.1038/nn1579.

Folkman S,Lazarus R S,1980. An analysis of coping in a middleaged community sample[J]. Journal of Health and Social Behavior,21:219-239.

Fuhrmann D,Knoll L J,Blakemore S J,2015. Adolescence as a sensitive period of brain development[J]. Trends in Cognitive Sciences,19:558-566.

Gentile D A,Choo H,Liau A,et al,2011. Pathological video game use among youths:a two-year longitudinal study[J]. Pediatrics,127(2):e319-e329.

Goldberg E L,Comstock G W,1980. Epidemiology of life events:frequency in general populations[J]. American Journal of Epidemiology,111(6):736-752.

Gordon J L,Girdler S S,Meltzer-Brody S E,et al,2015. Ovarian hormone fluctuation,neurosteroids,and HPA axis dysregulation in perimenopausal depression:a novel heuristic model[J]. American Journal of Psychiatry,172(3):227-236.

Ha J H,Yoo H J,Cho I H,et al,2006. Psychiatric comorbidity assessed in Korean children and adolescents who screen positive for Internet addiction[J]. Journal of Clinical Psychiatry,67(5):821.

Han D H,Kim S M,Bae S,et al,2017. Brain connectivity and psychiatric comorbidity in adolescents with Internet gaming disorder[J]. Addiction Biology,22(3):802-812.

Han X,Wang Y,Jiang W,et al,2018. Resting-state activity of prefrontal-striatal circuits in Internet gaming disorder:changes with cognitive behavior therapy and predictors of treatment response[J]. Frontiers in Psychiatry,9:341.

Hardt J,Rutter M,2004. Validity of adult retrospective reports of adverse childhood experiences:review of the evidence[J]. Journal of Child Psychology and Psychiatry,and Allied Disciplines,45(2):260-273.

He Q H,Huang X,Turel O,et al,2018. Presumed structural and functional neural recovery after long-term abstinence from cocaine in male military veterans[J]. Progress in Neuro-Psychopharmacology and Biological Psychiatry,84:18-29.

He Q H,Turel O,Wei L,et al,2021. Structural brain differences associated with extensive massively-multiplayer video gaming[J]. Brain Imaging and Behavior,15(1):364-374.

Holmes S E,Scheinost D,Finnema S J,et al,2019. Lower synaptic density is associated with depression severity and network alterations[J]. Nature Communication,10(1):1529.

Holmes T H,Rahe R H,1967. The social readjustment rating scale[J]. Journal of Psychosomatic Research, 11(2):213-218.

Hong S B,Harrison B J,Dandash O,et al,2015. A selective involvement of putamen functional connectivity in youth with Internet gaming disorder[J]. Brain Research,1602:85-95.

123

Hou H,Jia S,Hu S,et al,2012. Reduced striatal dopamine transporters in people with internet addiction disorder[J]. Journal of Biomedicine and Biotechnology,2012:854524. DOI:10.1155/2012/854524.

Hwang H,Hong J,Kim S M,et al,2020. The correlation between family relationships and brain activity within the reward circuit in adolescents with Internet gaming disorder[J]. Scientific Reports,10(1):1-9.

Jeong H S,Oh J K,Choi E K,et al,2017. Effects of transcranial direct current stimulation on Internet gaming addiction:a preliminary positron emission tomography study[J]. Brain Stimulation,10(2):353-353.

Jin C W,Zhang T,Cai C,et al,2016. Abnormal prefrontal cortex resting state functional connectivity and severity of internet gaming disorder[J]. Brain Imaging and Behavior,10(3):719-729.

Judd C M,et al,2004. Automatic stereotypes vs. automatic prejudice:sorting out the possibilities in the Payne(2001) weapon paradigm[J]. Journal of Experimental Social Psychology,40:75-81.

Kanai R,Dong M Y,Bahrami B,et al,2011. Distractibility in daily life is reflected in the structure and function of human parietal cortex[J]. Journal of Neuroscience,31(18):6620-6626.

Kanai R,Rees G,2011. The structural basis of inter-individual differences in human behaviour and cognition [J]. Nature Reviews Neuroscience,12(4):231-242.

Kang K D,Jung T W,Park I H,et al,2018. Effects of equine-assisted activities and therapies on the affective network of adolescents with internet gaming disorder[J]. The Journal of Alternative and Complementary Medicine,24(8):841-849.

Kim P W,Kim S Y,Shim M,et al,2013. The influence of an educational course on language expression and treatment of gaming addiction for massive multiplayer online role-playing game (MMORPG) players[J]. Computers and Education,63:208-217.

Kirschbaum C,Pirke K M,Hellhammer D H,1993. The "trier social stress test":a tool for investigating psychobiological stress responses in a laboratory setting[J]. Neuropsychobiology,28:76-81.

Knudsen E I,2004. Sensitive periods in the development of the brain and behavior[J]. Journal of Cognitive Neuroscience,16(8):1412-1425.

Ko C H,Hsieh T J,Chen C Y,et al,2014. Altered brain activation during response inhibition and error processing in subjects with Internet gaming disorder:a functional magnetic imaging study[J]. European Archives of Psychiatry and Clinical Neuroscience,264(8):661-672. DOI:10.1007/s00406-013-0483-3.

Ko C H,Liu G C,Hsiao S,et al,2009. Brain activities associated with gaming urge of online gaming addiction [J]. Journal of Psychiatric Research,43(7):739-747.

Ko C H,Liu G C,Yen J Y,et al,2013a. Brain correlates of craving for online gaming under cue exposure in subjects with Internet gaming addiction and in remitted subjects[J]. Addiction Biology,18(3):559-569.

Ko C H,Liu G C,Yen J Y,et al,2013b. The brain activations for both cue-induced gaming urge and smoking craving among subjects comorbid with Internet gaming addiction and nicotine dependence[J]. Journal of Psychiatric Research,47(4):486-493.

Kobasa S C,1979. Stressful life events, personality and health:an inquiry into hardiness[J]. Journal of Personality and Social Psychology,37(1):1-11.

Kühn S,Lorenz R,Banaschewski T,et al,2014. Positive association of video game playing with left frontal cortical thickness in adolescents[J]. PLoS One,9(3):e91506.

Kushner M G,Abrams K,Donahue C,et al,2007. Urge to gamble in problem gamblers exposed to a casino environment[J]. Journal of Gambling Studies,23(2):121-132. DOI:10.1007/s10899-006-9050-4.

Kwak K H, Hwang H C, Kim S M, et al, 2020. Comparison of behavioral changes and brain activity between adolescents with internet gaming disorder and student pro-gamers[J]. International Journal of Environmental Research and Public Health,17(2):441.

Lee J Y,Hwan J J,Ruem C A,et al,2021. Neuromodulatory effect of transcranial direct current stimulation on resting-state EEG activity in internet gaming disorder: a randomized, double-blind, sham-controlled parallel group trial[J]. Cerebral Cortex Communications,2(1):95.

Lee J,Lee D,Namkoong K,et al,2020. Aberrant posterior superior temporal sulcus functional connectivity and executive dysfunction in adolescents with internet gaming disorder[J]. Journal of Behavioral Addictions, 9(3):589-597.

Liu G C,Yen J Y,Chen C Y,et al,2014. Brain activation for response inhibition under gaming cue distraction in Internet gaming disorder[J]. The Kaohsiung Journal of Medical Sciences,30(1):43-51.

Long K L P,Chao L L,et al,2021. Regional gray matter oligodendrocyte-and myelin-related measures are associated with differential susceptibility to stress-induced behavior in rats and humans[J]. Translational Psychiatry,11(1):631. DOI:10.1038/s41398-021-01745-5.

Maheshwaria S K,Chaturvedib R,Sharmaa P,2021. Effectiveness of psycho-educational intervention on psychological distress and self-esteem among resident elderly: a study from old age homes of Punjab, India [J]. Clinical Epidemiology and Global Health,11:1-5.

Martin T,Larowe S D,Malcolm R,2013. Progress in cue exposure therapy for the treatment of addictive disorders: a review update[J]. The Open Addiction Journal,3(1):92-101. DOI:10.2174/1874941001003 010092.

McCrae R R,1982. Age differences in the use of coping mechanisms[J]. Journal of Gerontology,37: 454-460.

Monfils M H,Cowansage K K,Klann E,et al,2009. Extinction-reconsolidation boundaries: key to persistent attenuation of fear memories[J]. Science,324(5929):951-955.

Myers K M,Carlezon JR W A,2012. D-cycloserine effects on extinction of conditioned responses to drug-related cues[J]. Biological Psychiatry,71(11):947-955. DOI:10.1016/j. biopsych.2012.02.030.

O'Doherty J P,2004. Reward representations and reward-related learning in the human brain: insights from neuroimaging[J]. Current Opinion in Neurobiology,14:769-776. DOI:10.1016/j. conb.2004.10.016.

O'Brien C P,Childress A R,Ehrman R,et al,1998. Conditioning factors in drug abuse: can they explain compulsion? [J]. Journal of Psychopharmacology,12(1):15-22.

Otis J M,Namboodiri V M K,Matan A M,et al,2017. Prefrontal cortex output circuits guide reward seeking through divergent cue encoding[J]. Nature,543(7643):103-107.

Otsuka T,Tomata Y,Zhang S,et al,2018. Association between social participation and incident risk of functional disability in elderly Japanese: The Ohsaki Cohort 2006[J]. Journal of Psychosomatic Research,

111:36-41.

Park B,Han D H,Roh S,2017. Neurobiological findings related to Internet use disorders[J]. Psychiatry and Clinical Neurosciences,71(7):467-478.

Payne B K,2001. Prejudice and perception:the role of automatic and controlled processes in misperceiving a weapon[J]. Journal of Personality and Social Psychology,81(2):181-192. DOI:10. 1037///0022-3514. 81. 2. 181.

Payne B K,2006. Weapon bias:split-second decisions and unintended stereotyping[J]. Current Directions in Psychological Science,15:287-291.

Pujol J,Fenoll R,Forns J,et al,2016. Video gaming in school children:how much is enough?[J]. Annals of Neurology,80(3):424-433.

Roth D L,Fredman L,Haley W E,2015. Informal caregiving and its impact on health:a reappraisal from population-based studies[J]. Gerontologist,55(2):309-319.

Sarason I G,Sarason B R,et al,1985. Life events,social support,and illness[J]. Psychosomatic Medicine, 47(2):156-163.

Saxbe D,Rossin-Slater M,Goldenberg D,2018. The transition to parenthood as a critical window for adult health[J]. American Psychologist,73(9):1190-1200.

Schettler L,Thomasius R,Paschke K,2021. Neural correlates of problematic gaming in adolescents:a systematic review of structural and functional magnetic resonance imaging studies[J]. Addiction Biology,27 (1):e13093. DOI:10. 1111/adb. 13093.

Schmidt L,Tusche A,Manoharan N,et al,2018. Neuroanatomy of the vmPFC and dlPFC predicts individual differences in cognitive regulation during dietary self-control across regulation strategies[J]. Journal of Neuroscience,38(25):5799-5806.

Schulz R,Beach S R,1999. Caregiving as a risk factor for mortality:the caregiver health effects study[J]. The Journal of the American Medical Association,282(23):2215-2219.

Shiffman S,Stone A A,Hufford M R,2008. Ecological momentary assessment[J]. Annual Review of Clinical Psychology,4(1):1-32.

Sigaroudi A E,Nayeri N D,Peyrovi H,2013. Antecedents of elderly home residency in cognitive healthy elders:a qualitative study[J]. Global Journal of Health Science,5(2):200-207.

Slavich G M,Shields G S,2018. Assessing lifetime stress exposure using the stress and adversity inventory for adults (adult strain):an overview and initial validation[J]. Psychosomatic Medicine,80:17-27.

Sokol-Hessner P,Hutcherson C,Hare T,et al,2012. Decision value computation in DLPFC and VMPFC adjusts to the available decision time[J]. European Journal of Neuroscience,35(7):1065-1074.

Steinbeis N,Haushofer J,Fehr E,et al,2016. Development of behavioral control and associated vmPFC-DLPFC connectivity explains children's increased resistance to temptation in intertemporal choice[J]. Cerebral Cortex,26(1):32-42.

Sun Y,Ying H,Seetohul R M,et al,2012. Brain fMRI study of crave induced by cue pictures in online game addicts (male adolescents)[J]. Behavioural Brain Research,233(2):563-576.

Symes B A,Nicki R M,1997. A preliminary consideration of cue-exposure,response-prevention treatment for pathological gambling behaviour:two case studies[J]. Journal of Gambling Studies,13(2):145-157. DOI:10.1023/A:1024951301959.

Turel O,He Q H,Wei L,et al,2020. The role of the insula in internet gaming disorder[J]. Addiction Biology, 26(2):e12894.

van den Bergh B R H,Mulder E J H,Mennes M,et al,2005. Antenatal maternal anxiety and stress and the neurobehavioural development of the fetus and child:links and possible mechanisms:a review[J]. Neuroscience and Biobehavioral Reviews,29:237-258.

Vitaliano P P,Zhang J,Scanlan J M,2003. Is caregiving hazardous to one's physical health? a meta-analysis [J]. Psychological Bulletin,129:946-972.

Wang Y,Yin Y,Sun Y W,et al,2015. Decreased prefrontal lobe interhemispheric functional connectivity in adolescents with internet gaming disorder:a primary study using resting-state fMRI[J]. PLoS One,10 (3):e0118733. https://doi.org/10.1371/journal.pone.0118733.

Xue Y X,Luo Y X,Wu P,et al,2012. A memory retrieval-extinction procedure to prevent drug craving and relapse[J]. Science,336(6078):241-245.

Yao Y W,Liu L,Ma S S,et al,2017. Functional and structural neural alterations in internet gaming disorder: a systematic review and meta-analysis[J]. Neuroscience and Biobehavioral Reviews,83:313-324.

Yuan K,Yu D,Cai C,et al,2017. Frontostriatal circuits,resting state functional connectivity and cognitive control in Internet gaming disorder[J]. Addiction Biology,22(3):813-822.

Zeanah C H,Gunnar M R,McCall R B,et al,2011. Sensitive periods[J]. Monographs of the Society for Research in Child Development,76(4):147-162.

Zhao Q,Zhang Y,Wang M,et al,2022. Effects of retrieval-extinction training on internet gaming disorder[J]. Journal of Behavioral Addictions,11(1):49-62.

Zisberg A,2017. Anxiety and depression in older patients:the role of culture and acculturation[J]. International Journal for Equity in Health,16:177.

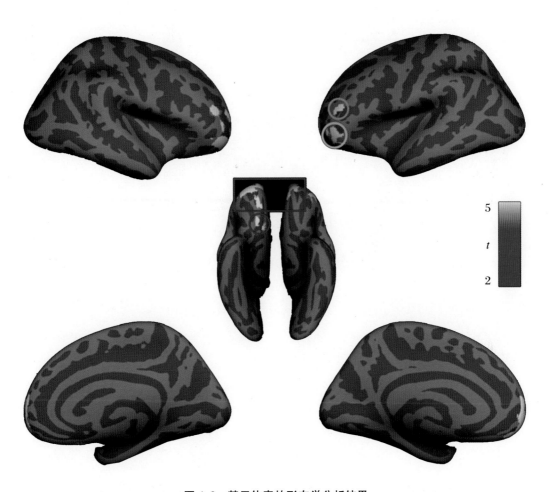

图 4.3　基于体素的形态学分析结果

注：右半球位于图的左侧，左半球位于图的右侧，红圈和红色长方形覆盖腹内侧前额叶，蓝圈覆盖背外侧前额叶，绿圈覆盖外侧额极。

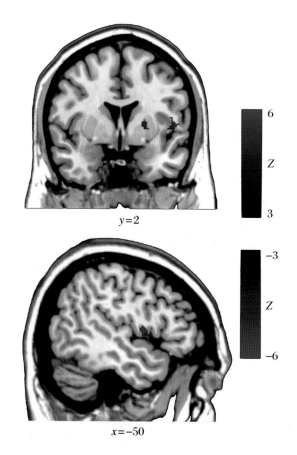

图 4.4　心理生理交互分析(PPI)结果

注:红色区域表示左侧脑岛与腹侧纹状体的耦合增强,蓝色区域表示左侧脑岛与左背外侧前额叶的耦合减弱;图的上半部分左侧对应大脑右侧。

Z 表示不同条件下的激活程度差异。

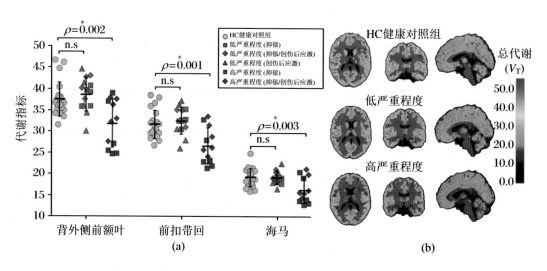

图 5.1　与健康被试相比,抑郁程度严重的患者 SV2A 密度更低

注:n.s 表示不显著。